Idea man

Idea man

Idea man

女性客を買う気にさせる「営業心理学」

立刻成交！
女性購物心理學

日本銷售大師教你創造高業績的50個實戰祕訣

心理學博士、日本銷售大師
鈴木丈織——著

陳美瑛——譯

目錄

目錄

第三章

懂這些「暗示」技巧，讓對方不知不覺買單掏錢

第四章

一句話，瞬間打動、刺激行動

目錄

第五章

用顏色默默打動顧客的七種深層心理

第六章 顧客一說「NO」，立刻逆轉成交的七大訣竅

目錄

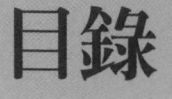

推薦序

一本讓女性消費者開心買單的必讀聖經

文／柳湘琦（臺灣SPA之母．思博企管顧問公司前總經理）

這是一本剖析女性消費心理的書籍，由日本為出發點也許不適合全世界，但絕對**符合臺灣女性的消費側影**，這也是我推薦給銷售人員或業者閱讀的原因——只要你的銷售對象是臺灣女性。

歐美女性比較自信，加上數世紀平權意識及教育普及，主觀意識及消費自主權較東方女性強。而臺灣在歷史上深受日本文化影響，直至今日，無論日常用品使用的喜好或消費觀念都與日本類似。

書中許多情境描述或購物心理，寫實地道出女性獨特的內心需求，及對銷售人員一連串行銷引導的渴望，而這種心態與來自火星的男性購買心態是截然不同的。

我特別喜歡書中分享的眾多話術。因為在演講及培訓的經驗生涯中，我深知好的銷售技術道理易懂，但**如何開口跨出那一步**，破除自己的懼怕，達到消弭與女性消費者的藩籬，就是一大挑戰了。讀完本書，你可以輕易地**利用作者的實戰建議與消費者破冰**，距離成功銷售更進一步。

誠如書中所提，女性需要同理心與療癒，與其一味的銷售或展示產品，不如有技巧地與女性的深層母性溝通，增加雙方的親近感。老實說，對付女性複雜的思考邏輯可一點都不難呢！

要**搞懂臺灣女性的消費心理**，**這本書絕對是銷售人員的最佳參考**。如果你也想了解女人在想什麼，它也絕對會讓您莞爾不斷。

前言

花兩倍預算，卻讓人更滿足的銷售術

以下案例，並不是新進銷售人員所遇到的狀況，而是一位經驗老到的頂尖銷售員來找我諮詢時道出的煩惱，希望能藉此幫他判斷「到底發生什麼事」。

適用於男性顧客的銷售技巧，爲什麼對女性顧客卻不管用？

明明剛剛還有說有笑的女性顧客，卻突然不高興而變臉。「難不成，是我說了什麼話讓對方心裡不舒服嗎？」可是怎麼想也想不透，到底發生了什麼事……。

可能也是經濟不景氣的緣故，原本主要以男性為銷售對象的推銷員，從企業轉戰到外部、挨家挨戶地進行面對面的行銷。對象從身經百戰的企業精英變成女性顧客。

「老實說，我以前可能太有自信了。面對男性顧客，我有信心可以拿到好業績。但是……，我不知道該如何是好了。我看到女性顧客，就像看到巫婆一樣覺得可怕。」

因此，在本書中我想談談自己如何發現女性顧客的特殊性及魅力。以下真實案例，是我在某個百貨公司中擔任銷售指導時所發生的。

在每一場企業演說前，我通常會掩飾自己的身分，巡視該百貨公司的各個樓層賣場。這是我的事前準備工作之一，也是自我要求的一個習慣，因為光憑數字資料絕對無法判斷賣場的現場氣氛。

為了掌握賣場的實際狀況，同時為了觀察店員的待客方式；另外在某種程度上，也可以了解店員的士氣與幹勁，因此培養出這樣的習慣。而且，經過這樣的事前準備工作再進行演說，演講的內容會更加生動。

當我佯裝成顧客邊逛邊觀察，在婦女服飾樓層中的女鞋專櫃前停下腳步。我看到一位大約二十出頭、像是擔任行政工作的粉領族，站在正式女鞋專櫃的鞋架前思考著。

經過三分鐘左右，一位年紀約三十五歲的專櫃小姐上前輕聲詢問。

「請問您是要買結婚典禮時穿的鞋嗎？」

「是啊，我喜歡這雙鞋，這雙一年四季都可以穿。我的預算大約是一萬日圓，可是這雙要一萬五千日圓。」

聽到顧客的考量，這位專櫃小姐微笑道：「請您稍等一下。」她馬上拿出了三雙不同顏色的上班用女鞋。

「小姐，請您想想看，如果您再多買買這雙上班用的女鞋，兩雙總共是兩萬日圓，那麼平均一雙只有一萬日圓，這樣不是剛好符合您的預算嗎？」於是，女客人接受了專櫃小姐的建議，非常高興地買了兩雙鞋。

當專櫃小姐將商品交付給客人時，同時給了她一張百貨公司餐廳的咖啡券，「如果您願意的話，請帶著滿足的心情、喝杯咖啡休息一下吧。」

當女性顧客一離開，店員馬上打電話到百貨公司的餐廳部門。「等一下可能會有一位小姐去喝咖啡，麻煩你招待一下：『我聽說您在女鞋部購買了兩雙女鞋，謝謝您的惠顧。請您在這裡喝杯咖啡好好地休息一下吧。』」

看完整個銷售過程，我的內心相當感動，以致於忘記自我介紹，便馬上趨前去向店員握手致意。我與她聊起面對女性顧客時的銷售技巧，由於聊得太過投入，還差點忘記演講的時間。

當時，那位女性顧客在餐廳喝咖啡的心境，一定如同夢幻小公主一般，而且也為了買到滿意的商品而感到滿足吧！

原本購物的預算是一萬日圓卻花了兩萬，但是她不僅不覺得後悔，內心反而滿溢著滿足。就是這樣的服務態度與說話技巧，讓女性顧客成為非現實故事中的女主角。

我在與前文提到的頂尖銷售員結束談話後，拍了拍他的肩，給予最衷心的建議：「首先，你應該捨棄對女性的既有偏見，當女性成為顧客時，你就會發現自己對女性的所有認知都是錯的。沒錯，若想將女性帶往另一個美好的世界，你必須……」其中的祕訣，我將在書中一一詳述。

CHAPTER 1

心理學結合超強銷售，你不能不知的女性購物心理！

了解女性與男性之間的心理差異，
就能讀出女性顧客的深層購物欲望。

應該有不少人聽過日本誕生的神話故事吧，日本諸島、諸神的創造者伊邪那岐（Izanagi）與妹妹伊邪那美（Izanami）兩位神祇圍繞著柱子舉起矛，從矛尖滴落下來的土形成了日本列島。

這是日本《古事記》（編按：日本最早的歷史書籍）中所記載的日本誕生的神話故事。

那麼，伊邪那岐與伊邪那美哪一位是男神？哪一位是女神呢？據推測，伊邪那岐是男神，而伊邪那美是女神。

我最感到佩服的是，古代的人通常會在名字上清楚地表示出男女性別。所以，答案的線索就在於伊邪後面接的是「那岐」（nagi）與「那美」（nami）。

自古以來，日本人就是一個海洋民族，早在來自東亞大陸的彌生人遷徙到日本之前，日本列島上就已經有繩文人居住於此。他們是偉大的冒險家，以火山為目標，乘著小船從南方諸島來到日本列島。

男性顧客重言詞；女性顧客看語調

因此，從繩文時代流傳下來的神話中，神祇的名字多半與海洋有關。其中「那岐」是指海洋靜止無波的狀態；而「那美」則是指因風而起的波浪。

換言之，男性的「那岐」指內心平靜的狀態；而女性的「那美」指內心容易波動、情緒性的狀態。也就是說，早從神話時代開始就可以巧妙地看出，男性是理性的生物，女性則是感性的生物。

而波浪是如何產生的？

海面上的波浪是由月亮的引力與風所產生的，但是古代人沒有這種概念。如果想了解實際感受的話，就是直接把石頭丟進池子裡。將石頭丟入池中央，就會產生向外擴散的波紋。

那個池子代表女性的心，而石頭就是說出來的「話語」。

震撼女性內心的言詞。在西元七、八世紀古老的萬葉時代，可能是兼具風雅、情趣，與愛戀相關的日本和歌吧。那現代呢？

現在，應該是讓女性顧客心動不止的電視廣告，與銷售人員的催眠用語吧。池中產生的波紋就是女性內心產生的悸動。那波紋形成的同心圓向外擴散，形成有韻律的節奏。

沒錯，你的言詞所描繪出來的內容，就是連續的「浪頭」以及浪頭間的「水平面」，也就是言語的「節奏與空白」。

你只要**抓對節奏並巧妙地留白**，用這樣的方式與女性顧客對話。

男性對言詞有反應；女性對語調有感覺。**女性會被美妙言詞的韻律所感動，就像陶醉在具有節奏感的波動中一般**。而讓她們陶醉的美妙言詞又是什麼呢？以下我將一一詳細解說。

01 找出一個她必須購買的動機

「我想買一套跟○○○藝人一樣的套裝。」

「○○○名模喜歡的品牌，好像比較好！」

「我想去○○○名人常去的那家店。」

當你的太太或女性友人這麼說時，你一定會覺得她們真愚蠢，「就算模仿○○○名模也不會變成真正的她，她們腦子裡到底在想些什麼呀？」

老實說，女性自己也相當清楚這點。

「就算穿著跟○○○藝人一樣的衣服，自己也不會成爲她。」

「就算使用的品牌與○○○名模一樣，也不一定就是好東西。」

「○○○名人常光顧的商店，不見得符合我的品味。」

但是購物時，為何會無意識地將「想跟〇〇〇名人用一樣的東西」，掛在嘴邊呢？

對於女性而言，與名人相關的各種事物便足以讓她們產生興趣。認真思考的話，就知道自己絕對不會有如同名人那般戲劇化的人生。但是，與感興趣的對象距離愈遙遠，女性就愈容易想要與該對象持有「相同點」。

這在心理學上稱為「一致性」，也可以說是女性購買的動機——**想與自己感興趣的對象一樣**。

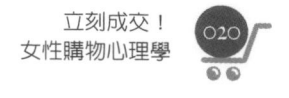

加強花錢理由，她反而感謝你

現代女性憧憬的對象多是具有成熟美的女性，而非單純的演藝人員。例如超級名模，天生具備的修長身型，加上為了維持美好形象所做的努力，還有被設計師指名而得以參加各種時尚盛會的超強運勢。

在現今的媒體環境中，舞台後所有的資訊不斷被大肆報導，反而讓人容易理解她們的「真實人性」。

沒有忌妒的餘地，完完全全就是**憧憬**。

肉體上絕無法與之相比，但是包裹住那美好身材的衣物，卻一樣可以擁有。

加上透過媒體宣傳，例如超級名模喜愛的名牌、經常光顧的商店、經常前往的美容院，以及做什麼運動等，名模的生活模式全方位地受到檢測，而被大家所「共有」。

這個**「共有」的心理與行動不會被「價格」所阻礙**。

如果這個理論成立的話，只要能發現**隱藏在女性顧客心中的「憧憬」**，就會如同挖到寶藏般喜悅。可是，女性心理還有一個必須注意的小地方。

「這個披肩，那個〇〇〇名模也常用喔！」

「對，我在雜誌上看過。可是……，這樣大家就知道我用的是一樣的披肩了啊！」

沒錯，女性就是**「不希望大家都知道」**、**「不想跟大家一樣」**。

這時候，只要這麼說就可以了，「您這麼會打扮，絕對可以利用它塑造出自己的風格。」

當女性顧客說：「不希望被大家知道」、「不想跟大家一樣」時，心中一定藏著想要購買的心動，「可是實在無法放棄」、「可是我想試試看」。然後，也正期待著銷售人員：「希望能再幫我加把勁、讓我產生購買的動力吧」、「你幫我找一個好理由吧」。

所以，只要輕聲對客人說：「雖然是相同的東西，但是只要稍微用心做點改變的話，就跟別人不一樣了。」只要**順口加強購買動力**，就能達成交易。

02 滿足「就是想買」的購物心理

男性消費者在購物時，心中一定會先訂下一個評斷的標準。例如，價格的最高極限、性能的最低標準、最好是什麼顏色……，如果加上△△△的話，那就可以買。

男性購物時，會希望優點與缺點都控制在某個範圍之內。不過女性不一樣，**女性顧客只是想做出購買行為**而已。

「只是想買」，這到底是什麼心理呢？

美國古典學派的銷售技巧中，有一個「低飛球技巧」（Low Ball Technique，當你對某件事已經做了決定後，對方才更改原本的條件）。其步驟大致如下：

1. 顧客對於銷售員所提的價錢不滿意，雙方拉鋸下，銷售員最後終於認輸、接受顧客所提的價格。

2. 顧客非常高興決定購買。
3. 但銷售員需先告知公司，說明這項買賣價格。
4. 結束連絡後，銷售員突然以相當歉疚的態度對顧客道歉：「真是非常抱歉，主管說，那個價格真的不能賣。」
5. 但是，已經產生購買念頭的顧客無法再改變想法。因為顧客的腦海中「購買」的決定，已經成為優先選項，所以在情緒上不想遭受挫折的情況下，顧客最後還是會以銷售員所報的價格購買。

一旦在消費者**產生購買意願**後，即便後來更改原始的條件，絕大多數的顧客也不會改口說不買。

低飛球技巧，就是棒球投手在一開始投出極為難打的低飛好球時，低飛球的印象就會一直殘留在打者的腦海中，以致於連壞球也會想要出手打擊。也就是說，只需要最初的那一球就會讓打者被投、捕手玩弄於股掌之間。

給一個花錢的機會

對於女性顧客而言，所謂的「低飛球」，是指她們從銷售人員那裡得到的「購買行為」。

也就是說，**得到「購買行為」的機會**，對於女性顧客來說是相當具有魅力的，所以她們擔心被剝奪了「購買行為」。因此，**為了滿足「購買行為」這個欲望，她們會不惜做些許的讓步**。

「人家買東西就是看心情的嘛。」我想，關於這點許多男性抓破頭也想不透個中緣由吧。

以身邊的例子來說，已婚男士，有一天可能在家裡發現一台不曾見過的運動健身器材；未婚的人，則可能聽過女性友人發牢騷地說：「哎喲，我又因為一時衝動、血拚了一堆東西。這個月，日子要難過了。」

郵購的優點，就是不用出門就可以在家購物、可以自在地選購商品而不用聽店員在耳邊嘮叨、不滿意的商品也可以鑑賞期內退貨等……。電視購物是最能代表郵購的一種銷售方式，只要收看過電視購物頻道就能了解這點。

「各位太太，現在電視上的價格，是最優惠的哦！」這類的言詞確實能夠鼓動消費者產生行動。此處的「行動」指的就是「購買行為」，而商品只是誘發行為的一個契機而已。

不少女性最喜歡大拍賣。就是因為拍賣集合了「價格便宜」、「只有現在」、「大家都去搶購」等條件，而誘使女性顧客產生「購買行為」。

女性消費者想要的只是購買行為而已，而你只需提供這樣的機會即可。「現在才有的機會喔」、「只有您才享有這樣的優惠」、「特別給您這個折扣」……。一開始，只需先丟出一個低飛球就夠了。

03 容易說「NO」的求生本能

有不少人都陪過太太或是女性友人逛街購物，體驗過長久等待、遲緩決定的痛苦經驗。

「妳還沒決定喔？快點啦！」沒錯，對於女生遲遲無法說「好」的情況，陪伴購物的人真的受夠了。

以下情況想必大家應該也不覺得陌生：在超市生鮮食品的販賣區中，看起來像家庭主婦的女性，毫不在意地將已經放入手推車內的商品又放回冷凍櫃中。此外，在百貨公司的服飾賣場中，明明就沒有帶當初購買商品的發票，卻硬是跟店員要求：「我還是不適合穿這件，可不可以幫我換？」

你一定會想：「喂，妳還真夠厚臉皮地把東西退回去啊。」、「有些家庭主婦的神經真是太大條了。」

為什麼她們總是可以毫不在意地退還東西、輕鬆地說NO？那是因為對女性而言，**「結果」才是她們的最終目的**。若結果不如所願，她們還是能完全不在乎別人的眼光、堂而皇之地退貨。

男性的話又是如何？他們就算發現購買的商品有不滿意的部分，即便是剛剛才買的也不太會要求退貨，通常只是感到後悔罷了。而且，學歷愈高，這種情況愈嚴重。

反而，女性對於已經入手的物品不會輕易覺得後悔。或許嘴上會叨念著：「哎喲，還是應該買大一號才對！」、「好像另一個顏色比較好看。」、「好討厭喔，這件不就跟△△△小姐穿的一樣嗎？」不過，她們內心卻不是這樣想的，因為女生「最討厭後悔」。

容易說「NO」，難以說「YES」，這正是所謂「自我防衛」的心理。保護容易受傷的自己，可說是女性的求生本能。

「反稱讚法」，消除情緒性的抗拒

購物的時候，說「YES」是買方的責任，賣方只是等著「YES」這句話而已。換句話說，當買方說「YES」的時候，「購買行為」就宣告結束。因此，女性需要花相當長的時間才能開口說「YES」。

但是說「NO」不同。無論買方多麼快速說「NO」，賣方為了改變買方的決定，會用盡心力企圖說服買方。換言之，當買方說「YES」時，購物遊戲便宣告結束。

而如果買方說「NO」的話，遊戲便會進階，從新的局面開始雙方的攻防行動。女性可以輕易說「NO」，就是認為退貨只是單純地重新設定購物遊戲，所以能夠輕鬆為之。對於她們而言，購物是發揮本能的遊戲。由於是本能，所以無論「YES」或「NO」都能感性地說出口。

感性所說出來的話是「非理論性」的，而理論所推演出來的決定是無法輕易推翻。在理性思考中無論是「YES」或「NO」，都是透過長年的經驗不斷比較、檢討所有小小的決定所累積出來的成果。而這正是典型的男性思考方式。

與感性的女性相比，男性是理性的。而且男性說「NO」，有其歸納出來的原因和理由。但是對男性銷售人員而言，他們對於女性的「NO」只能搖頭說：「搞不懂。」

不過，正因為「NO」的立足點建立在如此薄弱、狹小的感性基礎上，因此也極容易被推翻。針對女性消費者有一個行銷的出擊重點，有時，**只需要一句話**就能夠推翻她說出的「NO」。

「這個顏色，已經過時了吧。」如果女性顧客這麼說的話，銷售人員便可以說：「您觀察得真是仔細。」

「其實，這個商品的○○部分不是很好使用。」如果女性顧客這麼說，銷售人員應該回答：「您很了解這個產品。」這麼一來，顧客想要說「NO」時就會開始猶豫，於是整個遊戲的流程走向便會產生變化。

我稱這種技巧為「**反稱讚法**」。詳細方法，將在第六章中詳細說明。利用反稱讚法可以像變魔術一樣，將感性的「NO」一舉推翻。

04 準備一個故事，讓她當主角

前一節中，我曾提到「女性最討厭後悔」，但這並不意味著女性就絕對不會回顧過去。相反地，女性總是不斷回顧過往。從可能改變自己人生的轉捩點，到忍不住衝動購買的裙子等。

只是她們不會認為「那時不應該這麼做」，而是回到當時的情境，幻想著自己做出不同選擇。例如：「如果當時那樣做的話，會變成怎樣呢？」、「如果買那一件的話，會如何呢？」、「當初因為太貴只好放棄，但是如果痛下決定買的話，總是會有辦法支付的吧。」……這就好像想像自己是主角，遨遊於「幻想」世界般。

在「如果……的話」的世界中翱翔地幻想，也有可能在中途被極為現實的實際情況打斷。

「沒錯，我可以這樣做、那樣做。啊……，對了，聽說他的外祖母患有風溼痛，這麼說來，我的婆婆也很有可能會罹患風溼。哎喲，我可不想照顧老人家。」

「我想買這個、那個也想要……。可是……，我家沒有足夠的空間容納那麼大的家具。」

「沒錯，如果是分期付款的話，一個月只要付三千日圓就可以買這麼好的東西。啊，對了。這個月的報費好像還沒付。嗯，還有……，卡費的分期付款也還有三筆。」

女性的心果真是搖擺於非現實與現實之間。如果進行銷售行為時不清楚這點，就會覺得女性顧客就像在說夢話一般，而且談到現實的話語又變化無常、搖擺不定。若你認為只要自己跟女性顧客一起同步做夢就可以時，對方卻又突然跳回現實。

所以，女性無論到了幾歲，都還是像「做夢的小孩」。而且對於說「夢話」

的女性顧客而言，這些夢話都與現實狀況相互連結。

讓這樣的顧客繼續做夢，同時告知對方現實可得的利益。千萬不要遇到「難以應付、說話搖擺不定的女性顧客」就避而遠之，這樣做就太可惜了。**最成功的交易，就是讓女性顧客繼續做夢，同時讓她們看到現實中的實際利益。**

試著用偶像劇的對白賣東西

首先，為女性顧客製造夢境，使用非日常生活的形容詞。「非日常生活的形容詞」，聽起來好像很困難，就像電視劇中的對白一樣。不過，就算是那麼不切實際也沒關係。

當你冷靜地看著電視，沒錯就是看偶像劇時，是否會懷疑現實生活中，真的會有人用劇中主角在緊要關頭時，所說的「千篇一律」對白嗎？或是漫畫中劇情最高潮時，主角叫喊出來的對白，會是實際的生活用語嗎？

「講出那種對白會被笑的啦。」可是請你仔細想想，如果不考慮那麼多而去看偶像劇或漫畫時，是不是內心曾經有過瞬間的感動？

「那是因為不知不覺中就被吸引，不是真的感動啦。」沒錯，就是因為你知道那只是個「故事」，所以才會被非現實的對白所感動。所以，只要編織一個以女性顧客為主角的「故事」就可以了。

「圍上這條圍巾，您就成爲高貴的小姐了。」

「穿上這雙鞋，感覺好像可愛的小公主喔。」

「您看，穿起來就像電影《麻雀變鳳凰》（*Pretty Woman*）裡面的茱莉亞·羅勃茲（Julia Roberts）一樣。只要一件外套就呈現出您知性的一面。」

女性等待的是**會說故事的人**。

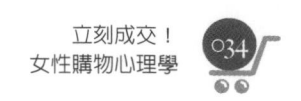

05 童貞與成熟並存的魅力

日本有句話說：「善於撒嬌。」如果從男性的角度來看，這句話指的是女性的魅力。但是從女性的角度來看，這句話卻是指賣弄女色的行為，並含有輕蔑的意味在內。

「看起來真是不入流……」、「看看那個女人做作的樣子」、「只要有男人在場就會變成那樣吧」，當團體中有一個人只要看到男性就會改變態度時，女性之間就會說出上述這些批評的言詞。而這並不僅限於中年女性的團體，現在就連小學生也會這樣攻擊團體中的其中一人，相當可怕。而且，被攻擊的人多半長相只是「普通」而已。

說穿了，這只不過是「忌妒」的心理而已。明明大家都長得差不多，但是「只有妳可以吸引男人注意」，不可原諒。也就是說，每位女性都知道，「撒嬌」

是吸引男人眼光的一種有效手段。

而且，這是女性在異性面前自然而然呈現出來的動物本能。「不入流」這個詞無非讓人聯想到「性」方面；批判對方「做作」就是害怕女性的面具被拆穿。

也就是說，在人前「撒嬌」是暴露出女性的本能，也是特意呈現女性族群「柔弱」的一面。而且，又是在同性面前表現出這樣的行為，這無異是向同伴挑戰的行為。

說別人「妖媚」或是「做作」等，其實是女性潛意識暴露的心聲：「我也想那樣做啊」、「我明明也可以」、「如果是我的話，一定可以做得比她好」等。在心理學上**將這種內心的矛盾轉變稱為「逆向轉變」**。由於是潛意識的想法，所以在表面上以責怪的形式表現出來。可以說，女性的**心理是「想要撒嬌，卻又想成為成熟的女人」**。

無論從歷史或生物學的角度來看，女性附屬於男性之下的時間相當長。人類為了傳宗接代，而且人類從出生到獨立成人耗費相當長的時間，最後母親只能夠專心一意地養兒育女，完成男女分工合作的原則；而以此為原則所形成的就是目前的社會型態。

追求「獨特性」，給對方撒嬌的機會

關於女性社會地位的低下，德國的社會學家齊美爾（Georg Simmel）指出：「與男性相比，女性長久以來被迫過著與他人一樣的生活方式，個人的獨特性被壓抑。女性為了尋求發洩的出口，才會對流行產生較高的注意力。」

是的，與「尋找發洩欲望出口」的女性顧客對話時，重點就是「流行」。

當顧客拿起商品時，對她這麼說吧。

「小姐，您的眼光眞好。事實上，這個設計是今年秋天最流行的款式。如果您穿上這件的話，或許就會成爲朋友注目的焦點喔。」

「這是紐約目前當紅的商品。昨天，我們公司派駐海外的職員，才剛從紐約寄到這裡。您是第一位見到這件商品的客人喔。」

不過，如果對象是男性顧客的話就不一樣了，一模一樣的說法會帶來反效果。應該說，男性對於站在流行尖端會感到遲疑退縮，因為如果與別人不同調的話，他們就會感到不好意思。這是**男性不想被世人摒除在外的「統一性的欲望」**。

所以如果是男性顧客的話，你只要說：「這件商品賣得最好。」這樣就夠了。

而面對女性顧客時，就應該擺出各項「流行」商品。女性顧客看到這些商品時會眼神發亮、同時等待著你的發言。

她們一站在「流行商品」前已經敞開內心，逐漸解開「必須當一個成熟女人的咒語」。接著，就是等待銷售人員的巧言妙語讓她們成為「撒嬌的小孩」。

06 一邊享受讚美，一邊怕被說服

當你看到這裡時，可能會認為：「什麼嘛，向女性顧客推銷就跟說服一般女性沒兩樣啊。重點是只要稱讚對方就好了。想要說服女性的話就是讚美又讚美，竭盡所能地讚美就對了。」有不少男性可能一直都以這樣的方式說服女性，或者還因此成功地跟女性約會吧。

事實上，一般女性不會這麼容易就被你說服，因為她們**害怕被勸誘**。

「哪有這種蠢事。」你或許會這麼想。但是，這是女性特有的心理變化，而且是男性無法想像的。不過，「女性害怕被勸誘」這句話之後還有一句：「女性害怕被勸誘，但是女性卻有冒險的精神。」

我在文中不斷強調，女性是非常膽小的生物。她們的小心謹慎，是從「生兒育女」這個與生俱來的角色而發展出來的。以生物而言，人類生育「自己的分身」也是動物的本能。隨著社會發展，一夫一妻制以及倫理道德觀念，仍可確保動物本能——得到「自己後代」的需求。

現代環境中，一夫一妻制與倫理道德觀念好像已經成為兩道符咒般，女性只要忍痛生下小孩，就無法掙脫這兩道符咒的力量。

「哎呀，這個人正在說服我。呵，他真是舌粲蓮花呀……。可是，我能夠相信這個人嗎？」

雖然，女性被勸誘時感覺舒服，被讚美時也感到十分喜悅。但是，女性在這一瞬間也同時做出決定，「這個男人好嗎？這個男人會保護我嗎？這個人是我長久以來所等待的人嗎？」

當男性在說服對方時，只是想著要如何說服眼前這位女性，只專注在這一刻。男性害怕的是失敗、丟臉，「該不會被當成笨蛋吧」、「哇，我居然會這麼說，萬一被拒絕的話，我一定會無法承受」。這是因為男性是社會性的生物，所以總是在意來自同性的目光。但是女性不同。

除去恐懼，引導想「試一試」的冒險

當然，女性不需要考慮這些，因為失敗的是男性，而選擇權是掌握在女性手中。女性只須等待前來的男性。沒錯，女性就是無法拒絕等待對方的出現。「不知道出現在眼前的會是什麼樣的男性」，也正因如此，她們對於被勸誘總是感到害怕。

不過對女性而言，無法預測雖讓人感到害怕，但是同時這種恐懼感的背後也存有其特有的趣味。為什麼女性會喜歡雲霄飛車或鬼屋、鬼怪等故事？搭乘雲霄飛車時的尖叫，或是在鬼屋內嚇到流淚、兩腿發軟等，這些都不是裝出來的，而是她們的真情流露。

即便如此，她們過了幾分鐘之後卻又若無其事地說：「哇，好恐怖喔。喂，我們再去坐一次吧。」我想，多數男性才會為她們的善變感到害怕吧。

對於女性而言，「無法預測的恐懼」和「無法預料的冒險」是同義詞。也就是說，**「害怕被說服」事實上只是害怕「想要冒險的自己」**而已。那麼，對於這樣的女性，悄悄地**除去她們的恐懼**，**引導出她們純真的冒險精神**吧。不過，若想要達到這個目的的話，直接的說服是絕對行不通。應該是與顧客「心靈相通」地進行推銷的工作。

「玩弄女人。」這句話指的是擅長以花言巧語誘騙女性的男人。如果用這一套伎倆的話，如同字面上給人的感覺，只會讓女性覺得害怕。因此，我會想用「與人交際」這個詞句。

玩弄女人是罵人的話，但是與人交際不同。無論男女，只要對他人懷抱尊敬之心，並且讓人感受到自身散發出來的魅力，就是與人交際。

如果自己能夠讓別人產生「相信他準沒錯」的念頭，那麼就不會讓女性產生懼怕之心了。

07 買東西，也買自己的滿足感

對於物質需求，女性其實不執著。如果我這麼說，恐怕你又要反駁我了吧。「再也沒有其他生物比女人更具有強烈的物欲了。如果女性不執著的話，為什麼想要另一半買名牌、送寶石呢？」

我曾說過：「女性容易說NO，難以說YES。」購物時，女性很快就能夠拒絕店員的勸誘，但是下決心決定購買卻需要耗費相當長的時間。但是，無論是YES或NO，女性的決定都算快的。

男性購物時，也經常猶豫不決：「這個真的好嗎？」、「如果再多比較的話，或許會有更好的。」

不過女性不同，一旦東西買到手，她絕對不會再去想買對或買錯的問題。如果這時男性問：「這個真的那麼好嗎？」那就慘了。「幹什麼呀，我買這個，你有意見嗎？」這時雙方可能就要發生爭執了。

購物後的女性，首先會從「購買」這項行為得到滿足。甚至可以說，有時候她們是**為了想得到這種滿足感才去花錢購物**。只要有人阻撓她們享受這種無上幸福的時刻，無論是誰，都是不可原諒的。在她們的腦海中，以入手商品為主角的夢幻故事已經開始上演了。

「這件毛衣一定要搭配那雙長統靴。對了，最適合在那個時候穿著這件毛衣到落葉紛飛的公園散步。可是一個人散步太無聊了。嗯，對了，找△△△小姐一起吧。對了，她喜歡吃義大利料理。如果要找好吃的義大利餐廳和飄著落葉的公園的話……」想像的劇情已經無限延伸出去了。

然後，應該是故事主角——剛入手的商品，卻早已被拋在腦後了。

「紀念日」的強烈威力

「可是，不能忘了提寶石或名牌吧……。」你或許會這麼說。不過，請你想

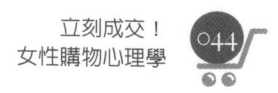

一想，你的另一半或女性友人會在什麼時候向你要求寶石或名牌？

「喂，我想要一個生日禮物。那個名牌出了一個新的款式喔。」

「白色情人節如果可以回送我一對耳環就好了。」

「好期待聖誕節喔。眞的可以買△△的皮包給我嗎？那等一下一起去挑選吧。」

名牌只不過是顯示身分地位的東西，而**女性執著的是「紀念日」**。

相對於「生日」、「回禮」等簡單的名詞，其實女性最喜歡的是**藏在那物品中與簡單言詞成反比的複雜故事情節**。而且基於母性，與那些詞彙相關的東西，她們都會「等同視之」。也就是說，那些是可以讓女性化身為故事女主角的魔術道具。

所以，在那些銷售給女性顧客的商品上施加魔法吧。往往只要簡單的言詞就已足夠。

「這件裙子是今天剛進貨的新款式，好像是特地等著與您相遇一樣。」或許你會覺得有些難為情，但女性卻不這麼想。對男性而言，覺得輕佻而感到肉麻的言詞，只要冠上「紀念日」這個重要詞彙就沒問題了。

「您使用的這個商品，剛好出了新的款式。您不覺得這是一個不可思議的命運安排嗎？」對物質不執著的女性顧客，應該也很容易就做出淘汰舊有商品的決定。**功用或效果並不是女性顧客做出決定的關鍵條件**。

最強的銷售，其實只要強調**女性顧客與這件商品的相遇是多麼不可思議的邂逅**，這樣就夠了。

CHAPTER 2

談八卦、說好話、聊工作……七項地雷讓你流失顧客

有時，錯失顧客的原因，
只是無關緊要的一句話而已。

「女性都會化妝打扮，所以稱讚她們的容貌或裝扮，應該不會不高興吧。」

「女性比較容易鑽牛角尖，所以只要找到她們性格中美好的那一面，再加以稱讚就可以了。」

「家庭主婦以家庭的生活爲重心，所以稱讚她們的家，她們會覺得開心吧。」

「對了，對家庭主婦說些演藝人員的八卦醜聞，她們應該會比較感興趣。」

「職業婦女的話，就比較難了。由於她們在職場上與男性一起工作，所以還是談些商業性的話題吧。」

面對女性顧客時，相信不少銷售人員做過以上這些考量吧。然而，你有因此達成交易嗎？

「是啊，我們相談甚歡，對方就出錢購買了。」果真如此嗎？你想推銷的商品是否都順利賣出去了？對方是不是沒買你推銷的商品，而買了比較便宜的東西，然後說：「這次先買這件，其他的下次再買。」或是「我帶的錢不夠，今天先買這件小的。」如此迴避了你所推銷的商品。

許多人陷入了長久以來的錯誤思維，認為「如果這麼說，女性就會感到高興」、「反正只要對女性顧客說大家都這麼做，她們就會跟著買」、「對女性顧客只要這麼說就對了」……，諸如此類的偏見都是男性自己的認定。在銷售過程中，那些偏見沒有把女性顧客視為獨立的重要客戶。

女性，掌握景氣好壞關鍵

女性顧客與男性顧客的心理截然不同。而且，女性絕不會讓男性看到她們的內心狀態。這就是一般人所謂的「女人模樣」。對女性而言，具有這項特質在某種層面來說也是件快樂的事。

若是在以前的社會結構下倒也還好，因為以前的經濟大權掌握在男性手中。由於日本的泡沫經濟崩盤，二十世紀末期日本經歷了長期的不景氣，導致男性喪失了購物欲。

而年輕人只是一窩蜂地跟隨大眾流行，變成行動一致地專注在某項商品。如今，**獨立且具有活力的顧客只剩女性顧客**而已。

女性顧客或許是二十一世紀最後的依靠，也可能握有跳脫不景氣的關鍵之鑰。所以，身為銷售端的你必須跟女性顧客建立良好的夥伴關係。避免落入「女性顧客設下的陷阱」。

有時，錯失女性顧客的原因，只是無關緊要的一句話而已。

08 稱讚時，加進對方的個人特色

「您真是漂亮」、「因為您是美人胚子啊」、「您的雙腿又直又長」……，你是否曾經在女性顧客面前不知不覺說出這類的讚美？

如果當時你沒注意到對方轉移視線、或是笑容變得有些僵硬，那麼無論你怎樣費盡唇舌，雙方的對談也不會有任何交集。結果就是，顧客不會購買任何商品。你可能會因此認為女人真是難以理解、害羞又愛鑽牛角尖。

或許你只是想要用打招呼的輕鬆語氣交談，而且認為稱讚對方的容貌或裝扮，只要是女人都會感到高興吧。不過，你說「只要是女人……」，這個資訊是從何而來的？

我想，可能是電視或是漫畫。可是，那些想法不過是從男性觀點所做出的結論。事實上，**女性對於籠統的讚美會提高戒心**。

以更具體的讚美打開女性顧客的心

假設你登門拜訪時，對方是一位家庭主婦。通常家庭主婦在家不會化妝，穿的也都是簡單的家居服。曾經有位新進的銷售人員對我抱怨：「家庭主婦每個都看起來一樣……」，這個人的用語就如同剛剛的模式：「每個人都……」。

我認為家庭主婦的容貌、裝扮，最能呈現出她的真實個性，所以**可以在最短的時間內**，在不失禮的情況下觀察對方外貌，**看出對方最在意的是容貌中的哪個部分**。

待在家裡的家庭主婦，如果屬於保守的個性，就會變得更為膽小。一開門與銷售人員面對面時，就會充滿著戒心。但是，會開門表示她們心中隱藏著些許好奇心。

雖然只是買賣交易，但是畢竟面對外人。所以開門前，會偷偷塗上口紅、以髮箍或髮帶整理頭髮等，想讓對方看出自己些微的用心。這時，如果銷售人員毫無意識地說：「您真美麗」、「您的雙腿又直又長」……，對方心裡會怎麼想呢？

對方只會想：「哎，這個人不了解我。」那麼，該如何做才對呢？

初次見面時，如果對於對方的眼睛留有深刻印象的話，就不應該說：「您真是漂亮。」而是應**以具體的事項讚美對方**：「您看起來眉清目秀，請問是用哪種化妝手法？如果可以的話，可以教我嗎？」

具備觀察能力，留意不該說的話，女性顧客就不再逃之夭夭。

事實上，簡單幾句話就能打動難以取悅的女性顧客。你不認為她們是相當具有魅力的遊戲競爭對手嗎？

你回想一下，自己以前搭訕的經驗。參加聯誼時，初次見面的女孩十分吸引你，你會對她說「妳真是漂亮」嗎？當周圍的競爭對手想盡辦法打探你如何追女孩子的時候，你絕對不會使用老掉牙的台詞，也就是不會使用籠統而含糊的讚美詞。相反地，你可能會設法找出自己得意的話題、殺出重圍吧。

當你對沒有時間精心打扮的家庭主婦說：「您真漂亮」時，只會讓克服一切走出居家外殼的女性顧客失望地返回自己的巢穴。關於這點，千萬要銘記在心。

09 不要對她們的「面具」，說好聽話

「您的個性很開朗」、「您看起來充滿活力的樣子」、「您真是外向」……，與女性顧客愈聊愈多之後，你是否會不知不覺地說出這類言談？

因為和顧客愈聊愈起勁，感覺很好，想要再加把勁。於是，在談話中不經意地加了這些讚美詞。

上一節中，我曾提到「不可使用籠統的讚美詞」。或許有人會反駁，讚美對方的個性就是更深一層的讚美，兩者是不同的。

隨著對方的反應說出適當的言詞，這是說話術，也是一種技巧。對男性顧客而言，這點或許行得通；但是對女性顧客就完全不同。

「她的笑容讓人感覺很舒服」，你或許只是單純地想表達眼前所見到的事實。不過，其實這種話卻是評斷「女性顧客個性」的言詞。正因如此，這也是最

容易惹惱女性顧客的話。對方會認為：「你憑什麼如此認定？」

拉丁文「persona」，意思是「面具」，以前常被用來作為文學作品或是戲劇的標題。而這些作品，大部分指的是女性用以隱藏真正的自己所使用的面具。連那些作品的作者也無法了解女人。從表面無法窺知女人的內心，所以只能以「面具」稱之。

沒錯，與你開心談笑的女性顧客，她的笑容是面具。女性顧客能夠與稱讚她們的面具「開朗」、「有活力」的你建立信賴關係嗎？

她們心裡想的是：「這個人搞不清楚狀況」、「什麼嘛，只會講些場面話」、「只是個能言善道的傢伙」……。

為什麼女性顧客**不希望被他人觸碰到自己真正的性格**呢？

因為她們必須勉強自己離開安全的場所。她們害怕走出安全的巢穴，顯露出毫無防備的自己。她們從自在的狀態轉變成必須踮著腳尖、小心謹慎一步步往前行，而這樣的轉變讓她們不安。

我曾提到女性其實非常膽小。從性別差異來看，在性方面女性也是屬於「被動」的一方，這點造成她們與生俱來的恐懼感，而面具就是為了壓抑這點所訓練出來的本能。

以身邊的人引導出讚美的評價

其實你也無須感到害怕。如果因此害你罹患女性恐懼症的話，那就麻煩了。女性只是因為不想受傷，所以一開始會先帶著面具偽裝自己。事實上，她一直在等待幫她卸下面具的人。只需簡單的幾句話就可以讓她卸下面具。

而引起她不滿的是「被不相干的人評斷」。所以，一步步引導她們吧，讓女性顧客跟著你的腳步走。

「您的先生眞是幸福，太太總是這麼開朗有活力。」

「鄰居應該會經常提起，羨慕您的開朗性格吧。」

所謂「做起來有點勉強」，就是要我們努力去做，讚美的要點就在於此。利

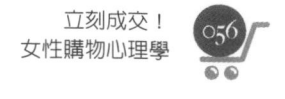

用「先生」或「鄰居」等她身邊的人引導出讚美的評價。

你說出來的話應該會讓女性顧客在一瞬間愣住，並且搜尋腦海中的記憶：「是真的嗎？」、「被他這麼一說，好像……」。如此一來，女性顧客的「心」就更開闊了。心胸開闊，代表著不安定的立足點也跟著寬廣起來。

「走出封閉的巢穴沒問題；卸下面具應該也無妨，要不要讓這個人看到真正的我呢……」卸下心防的女性顧客，應該會將一切託付給你吧。

10 頂尖銷售員，這樣評價女性「分身」

「小孩看起來很聰明喔。」

「真是可愛的小朋友，將來一定會很有成就。」

「這個房子真棒、真漂亮，一定不便宜。」

假設你是三十多歲，進入新公司接受銷售研習課程時，課程的內容一定教過「讚美對方的小孩」、「讚美對方的住宅」等。理由是「不會有人因為這樣的讚美而生氣發怒」、「這是最不會出錯的開場白」。

事實上，這才是大錯特錯！當時的銷售課程並沒有鎖定「女性顧客」，所以除非銷售商品是化妝品或服飾等，否則銷售對象都以男性為主。對於男性而言，孩子是自己堆積出來的財產，也是成功的指標，當然希望得到別人的稱讚。

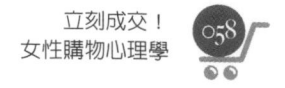

以專業的角度來看，就算是負面評價，他們也能夠接受。同時，如果讓他們看到你為他們著想的態度，或許還有機會建立絕佳的友誼。

可是女性就不同了，**對於女性而言，「孩子」、「家」都是自己的分身**。只要想想孩子是母親所生，就會明白分身的意義。那麼，為什麼「家」也是女性的分身呢？

我在前面章節中不斷提到「家是女性的巢穴」。也就是說，女性與巢穴是一體的。對於女性而言，自己代表著家，家代表的就是自己。而家庭主婦的這種觀念則更為強烈。所以，對於宛如自己分身的「孩子」或「家」，就算是讚美也屬於「評斷」的一種。

對女性而言，對方在自己面前評斷自己，這真是無可忍耐的一件事。

站在對方的立場，為她思考

那麼，該如何做才好？

可能有人會認為只要不要觸及相關話題就好了。事實上，正好相反。女性顧客正等著你與她們談論相關的話題。你可能會認為，這豈不是相互矛盾嗎？但是，「矛盾」正是女性心理的特徵之一。

你可能會想，要滿足矛盾需求的語言是魔術吧。沒錯，**銷售與行銷靠的就是語言的魔力**。詳情我將依序為你解說，在此先以具體的例子說明。

一看到小孩就抓住機會說：「好聰明的小孩。」這樣是不對的。**應該與對方站在相同的立場，為對方思考**：「小朋友看起來很聰明啊，打算參加私立學校的考試嗎？」雖說是分身，但是為小朋友著想就等於告訴顧客：「太太，其實我正為您著想呢。」

不應該說：「好漂亮的房子。」如果玄關附近有花草等園藝裝飾的話，就可以說：「園藝的擺設真美，那個粉紅的玫瑰色調特別突出。」如果廚房內餐具櫥櫃的顏色比較顯眼，就說：「這個顏色很新潮，是您挑選的嗎？」

一般而言，客廳裡櫥櫃的顏色、窗簾的花樣、桌布等家飾的選擇權，通常掌握在女主人手中。因此，若是看到特別之處或用心的擺飾的話，就可以放心地讚美一番。因為那些裝潢擺設只有女性才辦得到，也是女性以自身的信心挑選出來的。

要說那些都是女性顧客「人生的全部」，也不為過。因為那個家裡包含著女主人絞盡腦汁的「成果」，與付出心血的「努力」，而且她們認為男性應該不懂，卻意外得到讚美的效果特別好。

「耶，這個人跟一般人不一樣」、「或許這個人了解我」、「這個人應該值得信賴吧」。別忘了，**讚美女性顧客的分身正是讚美女性顧客本身**。只要記住這點，顧客透露給你的訊息應該就會愈來愈多。

11 「聽說……」八卦隱藏的陷阱

「聽說那個演員謊報學歷喔。」
「聽說那個偶像演員跟已婚的人搞外遇耶。」
「我聽電視圈的人說啊，那個歌手好像人品很差。」

女性喜歡談論一些演藝界的八卦新聞。這項「定論」至今仍深植人心。每天的八卦節目中，號稱藝文界的人士做出各種評論，或是在影劇週刊裡也可以看到許多煽情聳動的標題。

你與女性顧客見面之前，是否蒐集了這類的資訊呢？

不只從報紙上的娛樂版、或是電車裡影劇雜誌的吊牌廣告等，或許還有人會非常認真地收看八卦節目。做了這些功課之後，你應該有信心不會讓女性顧客覺得厭煩吧，因為商場上其他的競爭對手就做不到這點。

但是，你錯了。回想一下，你是在哪種場合說這些八卦呢？當你覺得女性顧客好像降低戒心、開始對你產生好感時，對方是不是真的若無其事地聽你說那些話呢？

不主動加入，只補充內容

「您知道嗎？那個藝人啊，您看大家現在不是都在講嗎？據說他謊報學歷喔，現在正被社會大眾攻擊呢。」

「您覺得呢？那個偶像演員背叛了在他沒沒無聞時，一直支持他的老婆。婚外情爆發了還一副義正詞嚴的樣子。真是夠了。」

「喂喂，是不是真的啊。聽說那個歌手在後台講了很難聽的話。」

談話的資訊來源幾乎來自八卦節目或雜誌報導的內容。仔細想想，除非是當事人，否則沒有人知道這些內容的真假。老實說，這些內容的真實性根本有問題。正因如此，你應該會找尋些其他消息來源的話題吧。但是，女性顧客相當清楚這點，而傾聽著你說的內容。而且，在這樣的情況下，隱藏著如同「陷阱」般的機制。

假設女性顧客說了某位藝人的壞話，於是你也不知不覺地加入話題，並自傲地講述自己所知的部分。顧客應該也是興致勃勃與你愈聊愈起勁，於是，兩人就像是開起批判大會一般，意氣相投。

但是，後來顧客是否稍稍嘟起嘴來說：「喔？是這樣嗎？」、「沒那麼嚴重吧？」回應了一些否定的看法？

事實上，那位客人可能是爆發醜聞的藝人的影迷；或者稱不上是影迷，但對該藝人抱有好感。

你或許會想，「怎麼會呢？既然是影迷怎麼會批評那個藝人？」

我先前曾經提過女性生性膽小，也說過她們害怕受到傷害。因此，女性會先**以否定的立場說出對事情的看法**。這種情況在心理學上稱為「自我防衛」。女性在這方面的本能比男性還強，所以**語言也充滿多樣性**。

如果一開始就以否定的角度出發，就算後來對方也持否定的態度，那結果也不過是「啊，果真是如此」，甚至是「所以我說嘛……」，因此她們還是可能占上風。現在你應該了解，如果跟隨八卦消息起舞而批評藝人的話，可能會慘遭不堪的後果吧。

這種情況只有一個應對的訣竅。

「謊稱學歷啊，如果屬實的話不僅會因爲犯了公職選舉法而被罰錢，還有可能被求刑喔。」

「兩個已婚的人搞外遇，將來離婚的贍養費不知道該怎麼算？」

不參與話題，**只幫助顧客補充話題的內容**。別忘了，對於顧客提出的否定性話題，一律以這樣的態度應對。這個訣竅可以讓你避免落入女性話題內所隱藏的陷阱。

12 問「感想」，只會引起「猶豫」

與女性顧客愈聊愈起勁，終於對方對商品產生興趣了。介紹完商品，有不少人可能會催促顧客決定，而說了下述的話。

「這個商品如何呢？」

「您覺得這個設計怎樣呢？」

「您喜歡這個顏色嗎？」

好不容易顧客願意敞開心胸了，卻可能因為這麼一句話導致所有的努力化為泡影。

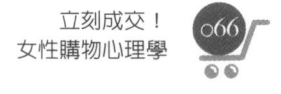

問題就出在你詢問女性顧客的「感想」之故。

我一再重複，女性顧客是非常膽小的。這種膽小的心理，除了源自於性別的差異之外，同時也來自男女共同的**「不想被窺探」的心理**。銷售人員為了不放過顧客絲毫的個人資訊，因此極易不斷詢問顧客的意見或感想。雖然銷售人員並不是有意的，但是顧客對於這種行為卻感到厭煩。到了這樣的地步時，再也無法達到交易的目的了。

原本女性顧客面對侵入自己巢穴的銷售人員時，就已經想盡各種理由設法擊退對方。而當你好不容易以高明的說話技巧，讓女性顧客對商品產生興趣時，卻因為一個「感想」而回到最初的狀態。

這是因為**「感想」導致「猶豫」**的緣故。

女性是猶豫的動物。喔，不不，如果說她們是動物的話可能會惹她們不高興。應該說女性是猶豫的生物。哲學家巴斯卡（**Blaise Pascal**，法國數學家、哲學家）說人類是「會思考的蘆葦」。或許可以說，正因為女性是猶豫的，所以才成為女性。

舉出更具體的事例增加想像空間

回想一下你跟太太或女性友人到鬧區逛街時的景象。當你們想要用餐時，如果你問：「要去哪家吃呢？」我想你們不會馬上就得到肯定的答案。你應該說的是：「妳想吃什麼？」

你應該將焦點放在「吃」的行為，而不是詢問籠統的「地點」。了解這點之後，我們再回到剛剛推銷的話題。當銷售人員對女性顧客做完商品說明之後，下一個階段只要催促顧客做出行動就夠了。

絕不能讓走出「保護殼」的顧客，又回到「猶豫的自我」。如果你**設想顧客是赤裸裸地走出保護殼**，你就能輕易知道該如何應對，也就是給對方衣服讓對方暖和、給對方食物……。

接下來，將衣服或食物換成商品的話，你應該就很清楚了吧。

「來，穿這件試試看吧。」

「來吧，用這個取暖吧。」

「來，先吃這個吧。」

這樣的銷售說話技巧，已經可以往顧客的內心更近一步了。如此一來，顧客再也不會認為你是粗暴的，反而對你產生信賴感。

假設你販賣的商品是衣服。當你展示樣品或型錄給顧客時，**針對某件商品設想種種情境**：「這件衣服，如果配上粉紅色披肩的話一定會相當出色吧。」、「這件衣服不僅適合各種婚喪喜慶的場合，連小朋友的開學典禮等正式場合也派得上用場。」諸如此類，舉出現實生活中具體的實用場合以增加想像空間。

如此一來，女性顧客便會不自覺地說出自己的「感想」。

「說的也是，我剛好有一條粉紅色的披肩。不過因為太顯眼了，很難跟其他的衣服搭配，所以一直被塞在衣櫥的角落裡。」

當顧客這麼說時，等於雙方達成了協議，因為對方已經透露她喜歡的是粉紅色。要記住，**催促行動的言詞其實就是引出顧客內心單純的想法**。

13 不談工作，多談「療癒」更有效

現在，銷售人員面對的女性顧客已經不僅限於家庭主婦而已。當你遇到一位中高階級的職業婦女或是粉領族，內心忐忑不安之外，是否也會說出以下這些話。「金融風暴終於要正式引爆了吧」、「貴公司的上游廠商，我大概有些了解」、「評定男性部屬真是不容易啊」……。

努力判讀顧客嚴格的目光，同時考慮著：「對方是為了工作付出全部生命的人，還是說些商業相關的話題比較保險。講一些太平凡的話題會被看不起吧。」於是你才會說出上述那些話。

如果你這麼做的話，那就大錯特錯了。因為管理階級的職業婦女或是一般粉領族的想法是：「不想再多談工作上的事了。」

日本泡沫經濟時期，曾經出現「歐吉桑女孩」（指言行嗜好男性化的女性）

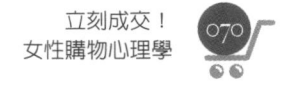

一詞。以往都是中年「歐吉桑」私密的娛樂方式，例如在公營的場所賭博、到居酒屋喝杯小酒、泡三溫暖或是打高爾夫球等，現在年輕的女性說：「我們也要玩。」然後堂而皇之地加入。而且日本中央賽馬協會還因為她們，創下了驚人的銷售金額。

她們有著旺盛的好奇心，同時自尊心又強。在市場學的領域中稱為「創新者」（innovator）。美國心理學家貝爾對「創新者」的描述則是，「管理階層或專業人員」、「高學歷及高收入」、「擁有豪宅或者租借高級公寓」。此外，「不僅積極購買新產品，同時也會向他人推薦自己所買的新產品」。

在日本泡沫經濟期間，所謂「年輕經理人」（young executive）的角色都由女性擔當。現在日本的「歐吉桑女孩」進化成為「職業婦女」。泡沫經濟崩盤後，**她們取代了男性成為「創新者」**。

只要有辦法爭取到一位這類的女性成為你的顧客，那麼往後不需你多開口，顧客就會**自動為你的商品做宣傳**。

稱讚對方的個人風格

雖然是強勁又具有魅力的女性工作者，但是這個頂尖集團也是會有疲累的時候，只要看到市場上以職業婦女為銷售對象的商品就會明白。

放眼望去，市面上暢銷的都是一些「去除腳部疲勞」、「讓肌膚水嫩」、「療癒疲憊的心靈」等所謂「療癒系列」的商品。

從主張「像男人一樣」到「與男人一樣」。她們現在停住腳步而開始意識到「性別差異」的現象。現在，面對銷售人員時，職業婦女的內心也變得與家庭主婦無異。

她們為了自己的地位、工作而忙碌不堪。同時，開始討厭總是焦躁不安的自己，所以她們認為出現在眼前的銷售人員並沒有競爭的意義。如果這時她們還聽到「利率」、「上游廠商」等詞彙，會有什麼反應呢？可能會大怒地說：「不要再說了！」

沒錯，這些職業婦女們需要的是得到**安慰**、**療癒**。

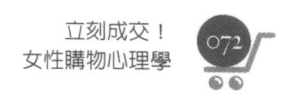

明明是自己應負的責任，明明是自己選擇的道路，卻對這樣的自己感到生氣，所以工作的話題都視為禁忌。不，別說是工作了，連相關的話題也不能提。

「那個藍色粉蠟筆，真是出眾。」、「這名片的紙質很特別，是特別挑選的嗎？」、「那個馬克杯真可愛。您是在哪裡找到的呢？」、「那個手機吊飾是您親手做的嗎？」……對於走在競爭社會與消費社會的前端、擔心迷失自己的這些女性們，多多讚美她們所呈現的個人特有風格。

因為「在這裡有人看到真正的我」，而振奮起來的女性們，將會是你的最佳顧客，同時也將成為最棒的宣傳部長。

14 不要落入對方的「爭辯遊戲」

聽到職業婦女或是女性中高級主管的詢問，你是否會這樣回答：

「什麼？是這樣嗎？」

「最近，我在報紙上看到不一樣的報導。」

「小姐，我覺得事情不能這樣一概而論。」

你會以這種方式說話，是因為不自覺地想反駁對方。這是女性顧客想引誘你進行一場辯論之故。

我在前一節中提過，職業婦女在競爭的社會中已經覺得疲累。男性處於競爭社會中已有悠久的歷史，而女性不同，她們背負的是沒有前人引導的先端跑者的宿命。

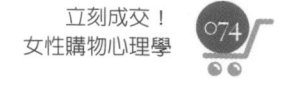

然而，身為先端跑者的自尊心也在這時候變得愈來愈強烈。所以，對於這樣的女性顧客而言，從外面世界進來的銷售人員，剛好是一個相當合適的遊戲對手。「以玩笑的心態，來小試一下自己平常所鍛鍊的辯論技巧吧……」而落入這樣情境的你，沒有機會談到商業話題，最後只是淪為對方辯論遊戲的對手，遊戲結束後就說再見。

職業婦女非常喜好爭論。想要避免落入那樣的情境，就是**不要提起商業相關的話題**。事實上要應付這點的話，只要在言詞上**注意一個重點——不要爭辯**，就能夠完全改變情勢。

以前文所提的三個例子，換個方式來說說看吧。

避開善惡或價值觀的爭辯

「眞是特別的想法，我都沒注意到這點。」

「您看事情的角度，與報紙的角度很不一樣。」

「您的想法很新鮮，可以再說些您的看法嗎？」

這些說法都**不是爭辯價值觀**、**對錯或評論善惡**、**好壞**。而且，藉由**同意**女性顧客論點的方式，也能夠在女性顧客的心中取得更親近的位置。

這些言詞的內在意義，可以如下述這般解釋。

「我相當重視您的意見。」

「或許只有我了解您的想法喔。」

「我覺得您的意見非常寶貴。您看，我與您站在同一陣線。」

職業婦女之所以好辯，乃因「男性不懂女性的心理，對女性總是充滿誤解。為了消除誤解，駁倒對方是最好的方式」。**她們內心真正的想法是「希望你了解我」**。

之前，美國福特汽車集團開始進行人事改革，其中馬自達公司（編按：日本第五大汽車製造廠，福特爲其母公司）在「行政與技術部門內的千位女性員工中，升遷了五百位」。

如果此舉具有成效的話，其他的廠商也會隨即跟進。屆時，日本社會中女性管理階層崛起的時代也將來臨。這並非遙遠的話題，而是眼前發生的實際狀況。想像著被女性管理階層的顧客包圍的景象，你會嚇得打寒顫吧。

不過，女性管理階層其實就是職業婦女的進化。她們只是擁有與男性競爭之後戰勝的自信，與達成目的所帶來的自豪而已。

面對女性管理階層時，需要注意的就是「無論在哪種場合，都**不要把她們與其他的女性相比較**」。

「哎呀，您真了不起。跟課長您相比的話，我的另一半真是差遠了。」

「明明都是女性的課長，前些日子遇到那位〇〇〇課長時，還被她兇一頓呢。」

沒錯，女性面對其他女性時，內心最先湧現的是忌妒。即便是批評也應避免，因為被當成話題內的人物時，女性的內心就會產生敵意。其他的只要謹守

「不能對女性顧客說的話」等規則就沒問題了。

你察覺到了，以前是職業婦女，接著是女性管理階層，她們是社會中最新出現的消費、流行領導人物。而你現在，比你的競爭對手領先一步。

CHAPTER 3

懂這些「暗示」技巧，讓對方不知不覺買單掏錢

如何讓對方心生動搖？
並增加彼此之間的親近感。

我一再強調男性是理性的動物，而女性為感性的動物。已經有大量的市場經驗，以及證明這些經驗有效的資料，教導我們如何促使理性的男性行動。那麼，讓感性的女性心生動搖的方法是什麼呢？

那就是**各種「暗示」技巧**，也就是使用的言詞或語調等。

對男性而言，這些或許都是微乎其微的小事。但是，總是帶著面具掩飾內心的女性，從小便習慣於讀取從面具底下洩漏出來的細微資訊。因此，在女性顧客面前，你必須小心謹慎地應對。

回想一下自己剛成為社會新鮮人時，在商場上使用敬語（編按：日語中用於表達敬意的詞語，以表現適當的身分關係和禮貌）的情況。或許，你當初曾經犯下令人不可置信的小錯誤，但是那些錯誤現在都成為笑談中的話題。

對於同為男性的顧客，敬語之類的語言是一種場面話，也就是社會上約定俗成的規矩。

只要掌握這個說話模式就不會錯。進一步來說，只要遵循這個模式就「絕對」不會犯錯，是相當方便的行事模式。而這個模式，正是以男性為中心所建構出來的商場習慣或禮儀等。

然而，關於女性顧客們而言，並沒有人教導她們這類的模式。不僅如此，男性所認定的模式，在在都充滿了誤解與偏見。關於這點，只要觀察一下銷售現場應該就有深刻的體會。

善用關鍵字

許多人在陌生的顧客面前不知所措，而你也是眾多這類銷售人員中的一員而已。不過，事實上的確有某種語言模式，可以激發女性顧客的購買欲望。

關鍵字就是「一起」、「正面」、「講究」、「能夠」、「被動」、「濁音」與「母性」。你能想到這幾個詞彙各擁有什麼樣的含義嗎？

所謂「一起」，指的是對第一次見面的女性顧客打招呼時，不能分「您」、「我」。怕寂寞的女性顧客，總是想向對方**尋求一體感或共同感**。所以，銷售人員必須記住，指稱女性顧客時必須使用「我們」一詞。

另外，可以用「我也是一樣」來結束話題。這麼一來，膽怯的女性顧客就會變了一個人似地，頓時親近許多。看到她們的轉變，可能連你都會覺得驚訝。

那麼，「正面」的語氣……，喔喔，這可不能用。下文中我將詳細說明原因，再好好地將其應用在銷售技巧上吧。

15「得寸進尺法」，和她一同思考

為什麼，女性顧客面對銷售人員時，一開始會呈現拒絕的態度呢？「嗯，這個顏色我不是很喜歡……」、「不能再算便宜一點嗎？」如果只是這樣的對話那倒還好。因為這表示對方已經透露出些許的「購買意願」。這種拒絕的言詞表示：「雖然我想買，可是我希望有人再加把勁鼓勵我。」

然而，大部分的情況是對方連回應都沒有，只是以冷淡的語氣敷衍：「我正在忙，下次再說。」

顧客對於上門的銷售人員只是想「要如何拒絕」而已。尤其是待在家中的女性顧客，這種反應更為強烈。針對這點，我在前文也曾提過，對於總是帶著面具的女性而言，家是她們的另一個面具。「只要待在這裡就不會有問題」、「只要待在家中，我就能夠卸下面具，呈現真實的自我」。

因此，主動上門的銷售人員威脅到她們的安全感。真要說的話，銷售人員只不過是個「外敵」而已。或許你會嘗試以一連串「具有魅力的言詞」，將對方騙出安全的家門。的確，是有辦法讓那些像小貓般膽怯、又頑固的女性顧客「敞開心胸」的。

古典的銷售技巧中，運用了心理療法的一個知名手段——**得寸進尺法**（**Foot-in-the-door Technique**，先提出一個小的合理要求，接著再提出大的不合理要求，會更容易讓人接受）。

舉個例子來說，當對方開門時，銷售人員立即將腳踩入門縫中，讓對方無法關門。當對方無法關門而看到銷售人員的面孔後，雖然極不願意，但也只能聽聽銷售人員說些什麼。

心理治療或說服技巧經常運用這項技巧。因為，「如果對方願意聽銷售人員說些生活周遭的小事，那麼對方就會主動說出發生在她身上的大事」、「**一開始能夠回應小要求的人，接下來也會回應更大的要求**」。

說出與生活相關的關鍵字

拜訪客戶時，面對著對講機你都會先說什麼呢？你是否只是根據銷售手冊的內容照本宣科而已？

「您好，我是△△公司的○○○。可以向您介紹敝公司最新研發的某產品嗎？」透過對講機、而且必須在數秒鐘之內說明來意，所以你必然會以銷售手冊宣導的方式說話。若真如此，就像是突然以社會語言這把堅硬利刃，刺向安心待在家中的女性顧客一樣。

不應該這樣的，試試「得寸進尺法」：

「您好，我是△△公司的○○○。不知道您洗衣服時**有沒有想過**，為什麼領子上的髒汙總是很難去除？」

「您好，我是△△公司的○○○。請問您飯後的碗筷洗了沒？我們公司的洗碗精既天然又不傷手，**您要不要試用看看呢？**」

「您好，我是△△公司的○○○。您知不知道利用科學方法，可以找出最適合自己的顏色喔。您要不要**跟我一起來試試看呢？**」

新產品的名稱或是類似說明書的制式介紹，對方連聽都不想聽就會直接掛掉對講機或電話。當你報上姓名後，就要立刻**說出與她們生活息息相關的重要關鍵字**。

這就是**「我們一起思考」的態度**。

事實上，膽怯的女性一直等待著有人能夠來跟她一起動腦思考。

只要讓女性想像：「他很清楚我不滿足的地方，這個人或許能夠跟我一起解決問題」，這樣就夠了。這麼一來，女性顧客應該會以充滿期待的神情期待你的解說。

16 不否定他人的「轉彎說話術」

在與女性顧客開始談話時，你是否會產生一種奇妙的不自在感，這是與男性說話時不曾有過的感覺。與其說是不自在，或許應該說是困惑比較貼切。也就是對女性特有的「語尾上揚」的疑問句語調（編按：日文使用疑問句時，聲調語尾會上揚）感到困惑。

不只是高中女生常用，事實上，成年女性從以前至今也都是以「疑問句」的說話方式說話。

「據說，這是現在最流行的喔～。」

「我朋友是這麼說的喔～。」

「這個，大家都在用喔～。」

「據說」、「是這麼說的」等言外之意是「我可沒這麼認為喔」。「大家」的意思則是「不是只有我如此」。

然後語尾的「……喔」意味著「我是這樣講沒錯，但是我並不是如此斷定。所以我才要問你。知道嗎？我正在問你」……。天哪，這麼一長串的言外之意濃縮在一、兩個字之內，難怪聽的人會發愣而不知所措。

這種「疑問式」的說話方式，好處是「推卸責任」。也就是說，只要採取詢問對方的態度，自己所說出來的話就不會遭對方否定。

沒錯，女性最害怕的就是**自己所說的話被對方否定**。原因是，「自己的意見」還是隱藏在「面具」下「真正的自己」。如前所述，女性最害怕的就是藏在面具深處真正的自己受到傷害。

轉個彎，讓對方錯的聽起來像對的

即便你對女性顧客的發言感到疑惑，也絕不能當下就否定對方的說法。如果這麼做的話，那麼好不容易從「保護殼」、「面具」中走出來怯懦、幼小的心靈將會再度躲回巢穴，而且再也不會出來了。

假設某位女性顧客看著商品型錄，指著某件商品說：「聽說這個是現在最流行的耶。」但是事實上這件商品早已經不流行了。

「事實上，這個已經不流行了……」如果你如此反駁對方，女性顧客不是當場面紅耳赤、沉默不語，要不就是惱羞成怒地轉身離去。

或許你只是以一個專家的立場，試圖對女性顧客提出專業建議而已。「哎呀，這位客人搞錯了，如果身為專家的我不嚴正糾正她的話，將有損我的信譽。」如果你這麼想的話，那就大錯特錯了。

對於女性顧客的發言，**絕對不能否定反駁**。

或許你會認為：「那要看情況而定吧。萬一被控訴違反契約的話，那可怎麼辦？」我不擔心會因此產生誤解，但還是得說：「即使如此，還是不能否定女性顧客的發言。」

假設明明已經退流行，但是顧客搞不清楚還說：「現在正流行這個。」這時就要這麼說：「一時的風行總有退流行的時候，只有真正了解自己的人，才會購買這個商品」、「您很會打扮出自己的風格呢」。

絕對不要糾正女性顧客所說的話。如果對方說得不對，只要**針對不對之處加以補強，讓對方的發言聽起來像是正確的說法**，這樣就夠了。

17 一個購物籃，如何看出「生活風格」？

我曾在第二章提到各種模式，例如，讚美顧客展現出來的個人風格，而非稱讚對方的容貌、裝扮或是個性。

何謂「展現出來的個人風格」呢？例如，別有巧思的耳環、大門旁的園藝造景，或是客廳的窗簾顏色等。也就是**讚美女性「講究生活品味」的部分**。

事實上，藉由耳環或是窗簾等物品，就可以簡單地了解顧客的個人風格。因為這些東西的顏色或形狀等，完全呈現了她的興趣、嗜好。只要是機靈一點的銷售人員，應該都會注意到這些小地方。

但是，真正的「講究生活品味」並不是這個意思。特別是內心總是戴著「面具」的女性更是如此。沒錯，說得艱澀一點，女性顧客的「講究生活品味」可稱之為哲學；而簡單說，就是「生活風格」。

希望這麼籠統的說法，不會讓你退避三舍才好。其實，女性的「講究生活品味」有時會像流行一樣有脈絡可循。

舉個例子來說，男性銷售人員前往某位女性顧客家裡進行推銷，看到屋內的玄關吊著一個民族風的「購物籃」。於是，不經意地詢問對方：「咦，請問這是什麼東西啊？」此時，絕對要避免唯唯諾諾的態度。銷售人員的態度要像是看到某件好東西，深感興趣地詢問對方。

「呵呵，那是購物籃啦，去超市買東西時用的。」女性顧客應該會帶點自豪地回答你的問題吧。而且，對方的神情就像是說：「哎喲，這種東西你們男生不懂吧。」

那個「購物籃」所表達出來的，是不使用超市塑膠袋的「環保」主張。在現今的時代，「保護地球」的生活方式才是最有風格的生活方式。沒錯，只是一個「購物籃」就足以成為講究生活品味的一種象徵。

這時銷售人員就得立即接話，「您對於環保能夠身體力行，而且不製造多餘的垃圾，真是難得。」

找出她追求的風格

以前所謂「講究生活品味」，只不過是憧憬名人時所敘述的情境。

「就算已經五十歲了，想維持這樣的身材，就要每三天做一次全身美容，而且每天要去健身俱樂部游上一千公尺。」

「我希望將我的生活融入大自然當中，所以前半個月住在八岳山上的小木屋，後半個月就住在東京的飯店裡。」……

諸如此類，不是一般女性能在現實生活中達到的境界。因此，只能看著女性雜誌掩卷嘆息：「哎，這麼愜意的生活方式，真叫人羨慕啊。」

然而，現在「講究生活品味」已經成為切身而且多元的生活方式了。例如：環保、園藝，甚或是尋根（homing）……。以剛剛提到的環保為例，女性顧客聽到你說「身體力行」，就會覺得感動而放鬆地開始暢談。

「為了保護地球，所以我認為自己可以從身邊的小事做起。」這時，你就會明白商機在一瞬間出現在眼前。

這樣的顧客會不惜多花費一些金錢，以貫徹「環保」的理念。例如不造成汙染的〇〇、可回收的△△，以及持久性超強的〇△……。

找出女性顧客講究的部分，並給予讚美吧，因為那裡隱藏著莫大的商機。

18 「我也做得到」的銷售魔力

你曾經在超市或百貨公司，看過銷售人員的現場銷售示範吧？

穿著圍裙的銷售人員在圍觀的顧客面前，滔滔不絕地介紹產品，並以有趣的言詞吸引客人發笑，同時以精采的刀法削切各類蔬果。是不是覺得非常不可思議，「那麼稀奇古怪的商品，到底誰會買呀？」

但是，這些商品真的都非常暢銷，尤其深受女性顧客的喜愛。這樣的銷售技巧就像是變魔術一樣，因此賣得特別好。東京的電器商品專賣區——秋葉原，就是現場銷售示範的聖地。據說那裡的資深銷售人員，一天可做到七萬日圓到十萬日圓（約新台幣二萬一至三萬元）的業績，相當了不起。

他們對女性顧客說話時，有一個共同的方針。那就是讓女性顧客相信：「連**我也有辦法達到**如此神乎其技的境界。」

「如果用那把刀，搞不好我也能夠毫不費力地把青菜切成細絲。」

「如果使用那台縫紉機，那我一定能夠輕鬆做家政。」

「如果用那種牌子的洗衣精，或許就可以輕鬆去除老公襯衫領子的汙垢了。」

女性特有的「厭惡反省」的心理機制，產生這種信以為真的想法。以男性角度來看，這是一種任性的思考方式。換個角度，來想想前述的三種思考模式吧。

「我就是沒用過那種菜刀，所以一直沒辦法切細絲。」

「我就是沒有那種縫紉機，難怪每次縫衣服都會失敗。」

「老公每次都說我洗衣服的方式不對，其實是沒有用那種洗衣精才洗不乾淨。」

沒錯，女性絕對不會承認自己「能力不足」。反過來說，**讓女性認為自己有能力辦到，就是促使她們產生購買行為的最大契機**。

兩公尺的距離，最容易達成交易

讓我們再一次想想現場銷售示範的情況吧。我曾經詢問某位資深銷售人員，關於現場示範的各種事項。根據他的說法，首先必須掌握「顧客走到兩公尺的距離之後，再開始推銷」的原則。

當銷售人員位於顧客的正面視線範圍時，**兩公尺**剛好是一個可進可退的距離，也是一個十分耐人尋味的距離。

假設你被在遠處的主管召喚：「過來一下。」當你靠近他之後站定時，雙方的距離大約就是兩公尺。**潛意識中與對方保持的距離，在心理學上稱為「肢體領域」**（body zone）。

也就是說，如果雙方的距離再接近一些，進入對方的「個人領域」的話，就會讓對方感到壓迫或感覺到威脅。隨著與對方的關係不同，彼此保有各自的「範圍」大小也跟著改變。每個人就好像是一個個獨立飄浮的衛星，繞行於社會這個公轉軌道上。

另外，兩公尺距離也可說是對對方**表示「尊敬」的距離**。因此，當銷售人員開始進行推銷時，這個微妙的距離**不會讓對方產生威脅感或反感**。如此一來，銷售人員的解說才能夠順利打入客人的內心。接著，就是再加點生動的言詞讓顧客駐足停留。

動作俐落迅速、看似非常簡單的收拾整理，並不斷重複：「您也做得到喔。」男性顧客從一開始就會抱持懷疑的態度，不過，女性顧客並非沒有任何疑惑。如同我不斷重複的，女性本來就是一種膽小、自我防衛性強的生物。但是，雖然她們會心存疑惑，同時還是會試圖分辨到底「是真是假」。

即便有再多的資料證明「事實為真」，男性也會認為「一定有我沒注意到的地方」。但是女性不同。想要讓女性顧客決定購買的話，往往只需一個證明即已足夠。

那就是足以讓女性顧客**預測「我真的辦得到」的證據**。你不必提示實際的數據資料，只需要說出適當的言詞，女性顧客自然就會在她們的腦海中證實這點。

19 賣東西，要像談戀愛

當女性顧客前來詢問商品的詳細內容時，你會怎麼做？

「不就是盡己所能地向對方說明嗎？」

哎呀，如果是這樣的話，那你又錯了。你所認為「理所當然」的道理，對於女性顧客而言絕非如此。當你得意地說明商品內容時，就是一直讓女性顧客處於被動狀態。**被迫處於被動狀態的女性顧客，已經無法從購物中得到樂趣了**。

沒錯，處於被動狀態的女性顧客，再也提不起勁購買任何商品了。

我說過，女性想要的是「做出購買行為」。因此，你只要製造機會就夠了。而你卻一味地讓女性顧客處於被動狀態，才會因而錯失「商機」。

想想戀愛中雙方的進退攻防情況吧。你或許會反駁：「戀愛的時候，女性通常不都是被動的嗎？」

瞧！你又用「通常」一詞了。「大家都」、「通常」、「社會上」、「一定是」、「不是這樣的嗎」、「應該是這樣的吧」……等。容我再強調一次，在考慮女性的狀況時，要摒除這些所謂的常識。否則，你將永遠無法窺探女性的面具底下，所隱藏的真面目。

好吧，回頭來談談戀愛的攻防。沒錯，女性「通常」都處於等待男性追求的「被動」狀態，那是因為來自於傳統思想所形成的偏見：「等待才像個女人」、「讓別人看到自己頻送秋波，太低級了」。即便現代女性已經在職場成為不可或缺的角色，但這些老舊觀念依舊殘存。

為什麼呢？其實是因為處於被動狀態比較輕鬆的緣故。

將被動刺激為主動

如果處於被動的好處多於壞處，你應該很清楚要如何選擇。屬於多數「享受被動派」的女性，無論如何也不願意破壞「被動女性」的傳統結構，雖然她們所享受到的只是表面上的好處而已。

反過來說，她們其實是相當害怕處於「被動」狀態，因此，她們也會攻擊那些在男性面前施展「被動」狀態、「裝腔作勢」的女性，因為她們害怕先天性別上的弱點被暴露出來。

男性與女性因動物的本能刺激而相互追求。但是一方處於被動狀態，另一方就非得採取主動行為不可。雖然，最開始是因為性別差異而決定了雙方的角色，但是經過長久的歲月，男女之間的關係也產生各種不同的文化現象。

有人稱之為戀愛文化。不過，那也只是表面上的文化而已。只有外表呈現各種不同的變化，但是本質卻已經空無一物。沒錯，女性藉由被動姿態而沉溺在各種不同戀愛攻防戰的歡樂中。

女性顧客面對銷售人員時，只是假裝被動而已。而且她們陶醉在銷售人員滔滔不絕的推銷語言的樂趣中。就好像享受戀愛的追求一般，女性顧客興奮難耐、佯裝「被動」，等待別人激發她們的「購買行為」。

你絕對不能做的就是打消她們的興奮之情。

「現在大家都在用這項產品。」

「只有現在才有這種價格。」

「現在我才給您這個優惠價喔。」

像這樣，**先不急著說明商品，而是讓女性顧客產生行動**。對女性顧客不是運用理性的對話，而是輕聲細語，如同戀愛的甜言蜜語一般。

20 幾句話，就能引起好感

你販售的是什麼商品？看到你的商品時，女性顧客的反應是什麼？不，應該問你，當女性顧客聽到你的商品名稱時，會說些什麼呢？

「啊，這個商品我知道。我經常看到廣告。」

當然，如果顧客曾經看過電視上的廣告，對於商品的反應通常不會太差。

心理學上有所謂的「單純曝光效果」（mere exposure effect）。

科學家曾利用實驗證明，讓受試者重複觀看某人的相片，再調查受試者對於相片中人物的好感程度。調查結果發現，**觀看相片的次數愈高，對於對方的好感也跟著提升**。

電視廣告就是運用這個理論。你或許有過這樣的經驗，一開始沒有任何感覺的商品，看了電視廣告數次後，就會對該商品產生親近感。於是當你去超市購物、在商品架前駐足停留時，最先伸手的就是電視廣告上看到的那項商品。

對於電視廣告中的商品產生好感，這是理所當然的結果。不過，顧客因廣告而感覺親切，相對的也會因廣告而降低了對該商品的興趣與好奇心。然而，同樣是在電視上密集廣告，很奇妙的，視聽者對於某些商品就會產生好感。

「那是因為廣告的內容比較有趣吧。」或許你會如此輕率地做出結論。不過，事實不是如此。因為很奇妙的，有些「詞彙」就是容易打動女性的心，而非男性。

利用聲音語調，引起聯想

之前，我就從銷售心理學的角度參與FANCL化妝品公司（編按：中文註冊名爲「芳珂」，主打無添加的美容及健康食品）的企劃作業。當你聽到FANCL時，腦中浮現的印象是什麼呢？

「好像都是請些外國模特兒之類的吧。」

嗯，男性對於廣告的印象果真比較強烈，不過女性不一樣。當我僅以FANCL的公司名稱，詢問女性對這家公司的印象時，大多回答如下：清潔的、天然的、簡單的、標準化的、高等級的。

與資生堂、佳麗寶等日本大型化妝品公司相比，FANCL這個公司名稱會讓你產生什麼感覺？

「前面兩家都很有知名度，後者算是新公司。不過，總覺得資生堂和佳麗寶的感覺比較沉重。」

沒錯，資生堂（SHISEIDO）、佳麗寶（KANEBO）等書寫起來比較容易辨別，而FANCL（日文發音為FANKERU）的名稱在日文的發音中不包含濁音（譯按：日文濁音的發音是ga、gi、gu、ge、go、za、ji、zu、ze、zo、da、de、do、ba、bi、bu、be、bo，以及根據這些音所延伸的其他發音）。在唸法上，所謂的「沉重感」的確接近事實。

除了歷史上對這兩家大型化妝品公司的認識之外，不少人直覺反應出來的是日語中對於濁音的感覺。而且，女性對於這種感覺又特別靈敏。

公司名稱不含濁音，光憑這一點，女性就能夠在腦海中玩起完美形象的聯想遊戲。害怕受傷的女性，為了保護自己而創造出一套內心防禦系統。受到外界的正面刺激時，這套系統的運作就會自動啟動，這就是聯想遊戲的運作根據。

如果可以自己決定商品名稱，那倒還好，但是通常商品名稱是公司決定好的。這時，就避免說出商品名稱，只要在介紹商品時試著不要使用濁音，用「漂亮」（kirei）、「可愛」（kawaii）、「完美」（suteki）、「親切」（yasashii）、「清爽」（sawayaka）等沒有濁音的字眼。

如果有意識地訓練自己，自在地使用不含濁音的形容詞，那麼女性顧客也會在潛意識裡陶醉在你的言詞世界中。

21 對方一說「不」，訴諸母性本能

雖說女性天生具有母性，但也不能因此就在女性顧客面前像小孩般、撒嬌胡鬧。的確，與顧客對話時，使性子、撒嬌等誇張的做法是一種吸引注意的噱頭，也被視為推銷的技巧之一。但是，這種技巧絕不會是讓女性顧客產生購買欲望的關鍵手段。

不過，如果在某個適當時機訴諸於女性顧客的母性本能，就會達到令人無法置信的驚人效果。而「適當時機」，就是女性顧客說「不」的那一剎那。

所謂的「母性本能」，指的是「無條件疼愛自己小孩」的想法所衍生出來的各種狀況。例如，對於剛出生的動物會毫無來由地產生疼愛之心；對於遭受迫害或瀕臨死亡狀態的生物產生憐憫之情等。

從六歲小女娃到八十歲老奶奶，她們的內心變化都一樣。

我在前面章節中說過，「女性容易說NO，難以說YES」，這是專指購物行為的心理狀態。**以母性本能的心理來說，「說YES讓人感覺舒服，而說NO讓人覺得不舒坦」**。

從性別差異的角度來看，或許因為女性長久以來一直都是被迫扮演「接納」的角色。接納在外工作的先生、接納孩子的任性、接納所屬團體的決定。女性藉由採取「接納」的態度，而讓別人認同自己在家庭中母親的角色、以及團體中的身分。

因此，**女性在人際關係中，對於說「不」，會抱持著如原罪般的罪惡感**。就算處於核心家庭的新興家庭裡，也無法抑制這個導源於母性的潛意識情感。所以，**當女性顧客說「不」時，就是你訴諸其母性本能的最佳時機**。

「環保」訴求的關鍵

「我不適合這個顏色，所以我不要買。」當女性顧客如此拒絕時，你可以嘗試以下的方法。

「您觀察得十分仔細喔。事實上，佳麗寶公司的研究專家也曾經分析過，像您的棕色瞳孔的確不適合這個顏色。根據他們的分析，這個顏色……」

「喔，是嗎？那我適合什麼顏色？」

「嗯，適合您的顏色嘛……」

女性顧客拒絕後的內疚不僅瞬間消失，而且引發了新的購買欲望。再舉一個關於母性的例子。

「這個商品跟電視廣告上的商品不是一樣嗎？既然這樣的話，那我寧可買有知名度的。」當對方如此拒絕時，你可以馬上換個角度說服對方。

「您相當清楚市場狀況呢。不過，請不要先下定論喔，本公司的產品都是使用可回收的零件，而且省下來的廣告費都回饋給顧客了。」

「所以，你們既注重環保，也節省了無謂的廣告支出囉。」

「是的，比起賺錢，我們公司更是從小地方做起，以盡到保護地球的義務。」

雖然感覺似乎有點天花亂墜，但是我想強調的是，事實上**「環保」這個詞彙**

就是訴諸母性本能的字眼。

為什麼是環保呢？因為在女性的腦海中，「對孩子溫柔」的本能替換成「對地球溫柔」的口號。從「為了小孩」轉換成「為了地球」。

運用「環保」這個重要的關鍵字，來充分滿足女性顧客的母性需求。女性顧客聽了你的話之後，應該會像是參加義工一般，以愉悅的心情購買商品吧。

CHAPTER 4

一句話，瞬間打動、刺激行動

讓女性忘卻現實狀況，走向你營造的銷售情境中。

荷蘭的心理學家海曼斯（Heymans），曾經針對女性的性格特徵做了如下的陳述：

- 情緒易變；
- 容易感到不安；
- 強烈的恐懼感；
- 悲傷情緒難以平復；
- 怒氣難以持久；
- 易笑；
- 尋求變化的欲望強烈；
- 缺乏理論性；
- 討厭抽象事物；
- 以直覺感受事物；
- 衝動型；
- 盲從；

- 機靈；
- 虛榮心強；
- 容易誇大其詞；
- 既殘忍卻又深富同情心；
- 誠實；
- 信仰虔誠；
- 精神上較柔弱；
- 認真而且對經濟較有概念。

真是充滿矛盾的性格特質，但在女性腦中卻不覺得矛盾，因為她們自有一套獨特的系統，巧妙運用各種特質以適應社會生活。

女性在意的話語，男性無法想像

哀傷不易平復，怒氣又不長久；欠缺理論性邏輯又討厭抽象事物；對經濟有概念又有強烈虛榮心……，想要巧妙平衡各項特質就得靠適當的言詞。

或許應該說，要**靠言詞產生的節奏感**，而不是言詞的意義。主要是藉由因言詞所產生的感覺，使意義上的矛盾化為烏有。而這只是沉浸於舒服的節奏中，並成為女性講述的故事題材而已。

讓我來教你如何創造「節奏感」吧。這個節奏感就如同母親的心跳，或許也能運用在催眠上。

當你運用了適當的言詞，節奏的律動也由此開始。

22 「我也是一樣喔。」

假設你針對女性顧客說明完商品後，雙方進入閒聊的階段。女性顧客不自覺地開始敘述她的「不滿」。雖然，是第一次見面、而且對方是為了賺錢的銷售人員，女性顧客還是聊起了私事。

「你聽我說，前一陣子我買了這個東西。」

「對了，趁這個機會，你有時間聽我說句話嗎？」

「喂，如果是你的話，你會怎麼想呢？」

如果女性顧客抱怨的是別家公司的產品，你會像是逮到大好時機、滔滔不絕地開始說起競爭廠商的壞話。

「雖然說別家公司的壞話不是很好，不過其實啊……」

「同樣在這個業界，我實在不好說些什麼，但是其實這個產品喔……」

「哎呀，太太。因爲是在這裡我才說的，那個商品其實是有問題的。」

此時，女性顧客才突然警覺並有點退縮地說：「啊，其實我不是那個意思……」面對對方驟變的態度，你一定感到相當困惑吧。

以一個專家的身分，你以為女性顧客是在詢問其他公司產品的問題。可是當你開始說明的時候，對方卻表現出不願接受的態度。究竟，對方特意讓你看到她的隱私，而提出這個問題的意義是為了什麼？

製造一體感，快速增加彼此親近度

沒錯，女性顧客的確是想請教你有關專業上的問題。但是，她們要的不是專家的評論。而且女性顧客相當清楚，她們詢問的對象是身為競爭對手的你，所以你沒有必要否定對手公司的產品。這點，女性顧客早已心知肚明。

若是如此，那麼為什麼她們會提出疑問呢？其實，她們要的是你**個人的感**

想。也就是不以競爭公司的推銷員身分，而是以自身角度所表達出來的感想。

「我談論的是私人的問題，所以希望你也以私人的身分回答。」

而且，這句話的另一個意義是：「喂，以私人的立場而言，你也會這麼想吧。」

所以，那個疑問的真正意義是想**尋求對方的「一體感」**。但是，多半的銷售人員未能察覺這一點。

「太棒了，對方已經提出私人問題了。好！這次我就要讓妳對別家公司商品的形象徹底幻滅。」

聽到女性顧客的詢問後，馬上就以為逮到表現的機會，於是立刻做好應戰裝備、打算進行突擊。而這樣的舉動，只是讓好不容易走出硬殼的膽小女性，再度躲回巢穴而已。

「喂喂，你聽我說，前一陣子我買了A公司的〇〇產品，可是並不好用耶。」

聽到女性顧客這麼說時，你只要稍稍點頭微笑，然後不疾不徐地回答：「我也這麼覺得。」

你看看吧，你應該會發現她臉上放鬆的神情，並且浮現出親近的表情。

「哎呀，果真你也這麼認為啊。那你們的產品怎樣呢？」

因此，**與女性顧客交流的第一步，就是建立與顧客間的「一體感」**。

23「想不想試用看看呢？」

我曾經為了指導T汽車公司的員工銷售技巧，而在某一年冬天前往日本東北地區的山形縣。以下，就是當時發生的實際案例。

當時，我直接接到某位女性顧客的家中拜訪。面對這位女主人時，我連新車的型錄都沒打開，只給對方看了型錄的封面。

「如果您換了COROLLA汽車，每天就可以多買一枝玫瑰花。」接著，我抬頭環視一下客廳。「只要一個月，這個客廳就會擺滿了玫瑰花。」

此時，女主人的眼神發亮，並與我約定下次見面的時間。最後，在男主人也在場的情況下，和我達成這筆交易。

我所使用的推銷重點是以「玫瑰花」的數量，替代金錢的數目。如果是一般的銷售人員會怎麼做呢？

「如果您換了COROLLA，每個月可以省下燃料費、維修費以及其他的使用成本等。平均一天可以省下兩百日圓喔。」

女性顧客最討厭資料、成本等枯燥乏味的說明。如果你使用資料數據來說明，女性顧客不僅感到厭煩，同時會覺得有壓迫感。這麼一來，又讓女性顧客心生退縮了。

從「現實行為」創造「想像空間」

無論是資料數據或是成本數字，都以「玫瑰花」一詞來替代。對女性而言，應該沒有人不知道玫瑰花吧，而且討厭玫瑰花的女性大概也很難找得到。但是，沒有一位女性會自己花錢買玫瑰花。

「玫瑰花，是帶有某種意義的，而且要從男性手中得到。」

玫瑰花，在被人類賦予花語的同時、也被施加了某種魔法。而且不僅具有實用性，價格也相當昂貴。僅僅一小束玫瑰花就要三千日圓以上。當時，我去的地方是冬天的山形縣（編按：位於日本東北地區，多為山地與丘陵地形），別說是玫瑰花了，在一片皚皚白雪中也找不到一朵小花。可以說，玫瑰花的魔力發揮了極致的效果。

「買了這輛車之後，生活的空間就能夠被玫瑰花填滿。」

藉由「購買」的現實行為，創造一個『玫瑰花房』的想像空間。這是女性特有的心理狀態，也正是所謂的「搖擺於極現實與非日常之間」。

直接提供女性顧客一個想像空間。

「使用這個之後，您就會發現一個全新的自己。」

「買了這個的話，您的生活就會有所改變。」

「你想不想使用這個來改變目前的生活方式呢？」

女性顧客無法從資料看到夢想。換句話說，女性顧客無法了解買了這個商品之後會得到什麼好處。因此，如果你想讓女性顧客看到商品的重要性與好處，只要使用**具體而美好的關鍵字**，讓對方馳騁於想像空間即可。

假設某商品的推銷重點有十項，只要鎖定二、三項對女性顧客有利，而且有好處的部分就可以了。

「使用這個之後，會讓您展現知性的那一面。」

「買了這個的話，您就會實際感受到生活品質往上提升。」

「您想不想利用這個商品讓您展開可愛的生活方式呢？」

內心交織著不安與不滿的女性，心中想著：

「現在的我不是眞正的我。」

「我現在就像是蝴蝶羽化之前醜陋的蝶蛹，我的內在一定藏有美麗的羽翼。」

「認同我的人總有一天會出現。」

而你，在灰姑娘們的耳邊輕輕地說：「**想不想試用看看呢？**」

24 「最近，大家都在用這個……」

仔細觀察現場的銷售示範，就會發現其中充滿著有趣的銷售點。不過，有時候銷售人員會使用不客氣的字眼，令人聽了感覺會嚇出一身冷汗。這種技巧，大概只有老練的銷售人員，才有辦法在絕佳的時間點巧妙運用。

「真是了不起啊，就像真正的廚師一樣。」當女性顧客看到銷售人員以極快的速度把材料切成絲，不禁發出讚嘆。

「這位太太您說這什麼話呀，連這種小技巧都不會的話就不配稱為女人了。」於是，現場哄堂大笑。

聽起來像是噱頭般的婉轉說法，但其實是一種「威脅」手段。現場示範的銷售人員，以**八分笑意加上兩分脅迫的方式**進行推銷。這種八對二的分配，產生獨特的節奏感，進而吸引顧客。重點就在於兩分的「脅迫」：「這個不會的話就不算是個女人。」

這句台詞哪裡是威脅呢？從心理學的角度來說，銷售人員挑起了顧客因**「從眾行為」（conformity behavior）所產生的不安**。

將不安的情緒轉為購買動機

人類傾向於跟自己具有相同立場的人，做出類似的行為。美國的心理學家艾許（Solomon Asch）曾經做了以下實驗。

實驗中讓受試者看三條長短不一的直線，並要求受試者選出長度相同的兩條直線。不過這些受試者中，十位就有九位都是事先安排好的受試者。接著，請這九位假受試者先選，他們選了顯然不一樣長的兩條直線。結果，第十位也就是真正不知情的受試者，也跟著前九位受試者選擇那個顯然是錯誤的答案。

這個實驗說明了：**人類害怕受到團體的排擠，會採取與團體相同的行動**。

前文提到現場示範的銷售人員，巧妙攻入「女性」這個團體，並引起女性顧客內心的不安。

不過，男性對於男性團體的歸屬感比較淡薄。因為在社會上工作，男性所歸屬的團體劃分得更細、更具體，例如「中產階級」或「白領階級」等。但是女性不一樣。特別是家庭主婦對於自身所屬團體的認知，大概僅止於「守著家庭的女性」。

相較於女性，男性更屬於社會性生物，並在社會團體中創造出自己存在的意義。對於男性而言，「這是最新商品」以及客觀的資料數據，較能夠激起他們的購買動機。要極力避免「一般來說」、「大家都……」等說法，因為這是賣方單方面主觀的認定。**男性的心理跟小孩子類似，想跟大家一樣卻又不希望賣方明白說出自己「跟大家一樣」，所以要利用數據資料來說話**。

不過，也不能因為女性所屬的團體既大、界線又模糊，所以就認定女性「想跟大家一樣」。事實上，**她們希望自己「跟大家一樣，但是只有我又更特別一些」**，這個想法真是矛盾。而她們的內心就是如此反覆地徘徊、徬徨。

女性顧客自己也覺得相當困惑，希望有人「趕緊把我從這樣的不安定狀態，拯救出來」。

那麼就得加緊腳步了。你若不出手拯救，顧客就會跑掉了。因為她們**開始猶豫「買或不買」時，就是處於不安的狀態**。若在這時你不讓顧客產生「購買」行為，那麼在你察覺之前，這種不安定的狀態就消失了。

只要點頭對顧客這樣說：「雖然大家都使用相同的商品，不過您的品味可以塑造出您自己特有的風格。」

這樣還行不通的話，那就只能用「脅迫」的方式了：「我認識的人都用這個產品喔。像您這麼講究品味的人還沒開始用，真是令人難以置信。」從背後再加把勁說「大家都在用」，來激發女性顧客的購買動機，就能成功交易。

25 「就這麼決定了！」

女性顧客總想著各種藉口拒絕銷售人員，「現在沒空，下次再說」、「現在沒有那個預算」、「我先生現在不在家，以後再說」……。

對於銷售人員而言，這是經常遇到的情況。不過，這也不是只有女性顧客才會產生的反應，就算是已經約好時間見面的男性顧客，也不會給上門推銷的銷售人員好臉色看。

這都是因為顧客內心產生**「自己的時間被剝奪」的被害意識**。

我們經常會擬定個人計畫，過一天完全自我的日子，或是希望這一天能夠按照自己的行程表行動。特別是因性別差異而具有強烈被害意識的女性，「不變的日常生活」才是她們好不容易能夠掌握到的安全感。

顧客不會為那些打破自己日常生活的銷售人員著想，因為顧客想到的當然只有自己的利益與安全而已。所以，對於積極的銷售人員，女性顧客當然想盡辦法試圖讓對方打退堂鼓。

不過，她們在沒有任何心理準備而必須與男性對峙時，內心的想法還是與男性的想法不同，必然有其破綻可攻破。那就是來自於「我是安全的」這種優越意識。

「反正只要我不搭話，對方就沒辦法了吧。」
「我只是透過對講機聽對方說話，不滿意的話掛上對講機就好了。」
「就算我聽聽看他們怎麼說，他們也沒辦法強迫推銷吧。」

拒絕的背後，就是藏有這樣的念頭。沒錯，女性顧客只要**能夠確認自身安全，就會放心地聽我們說話**。不，應該說，她們心想：「或許這個人能認同我」、「出現在眼前的這個人，也許就是我等待的人」。也或許她們正在等待你美妙的一句話。

認同她獨立決策的態度

家庭主婦，可以說是辛苦的勞工階級。當事者是否意識到自己是勞動者，就不在討論之列。不過在許多國家，家庭主婦的勞動付出並不被社會所接受。

「拿老公的薪水過日子，每天就是吃飯睡覺，還是永久職。真是划算的生意。」當「職業婦女」這個名詞開始在社會上流行之際，有時女性也會說些類似自嘲的形容詞來形容自己。

但是，我們必須了解，這些說法其實存在著相反的意義。雖然，男女雇用機會逐漸平等，但是想要真正達到男女平等的話，必須克服相當多的阻礙。「又沒在外面工作，還一副義正詞嚴的樣子……」被男人嘮叨叱責也堅忍守著家庭的母親們，其實是女性進入社會工作最大的阻力。

「其實，我不是只能當一個家庭主婦而已。」

「因為發生了很多事，所以我現在才會成為家庭主婦。」

「在外面我都讓先生做主，其實我自己也能夠做決定的。」

在被女性顧客拒絕前，就要先丟出一個訊息，讓對方知道「我其實是了解妳的」。

「太太，請問您對保護地球有什麼看法呢？」

如此的發言應該會讓女性顧客感到意外。接著，讓你意想不到的事情發生了，那就是女性顧客開始說明「自己的想法」。

你以旁人的眼光欣賞對方的優點，而女性顧客自然願意與你交談。彷彿男人之間的對話一般，針對資料、好處等發表自己的看法。最後，她開口了：「嗯，我想我就買這個吧。」

這時，以**認同對方獨立決定的態度**，只要以簡單的一句話做結尾：「就這麼決定！」

26 「這是一個祕密哦～」

我曾說過女性的心理是：「想跟大家一樣，但是只有我又更特別一些」。童話故事中的《灰姑娘》，最能表現出這種心理。

《灰姑娘》故事與這種心理的基本架構是一樣的。一個穿著骯髒舊衣裳的漂亮女孩，卻飽受繼母的虐待。但是，女孩心中堅信「總有一天認同我高貴本質的王子一定會出現」，持續忍受著繼母的虐待。最後，王子終於找到了灰姑娘，得以穿上美麗華服，從此一起過著幸福快樂的日子。

有的女性心想：「總有一天，看到我的優點的那個人會出現。」也有的女性更極端，她們不做任何努力，只是等著那個人出現。由於心態的扭曲，使得她們認為：「我現在的不如意並不是不夠努力，而是周圍的人無法賞識我的優點，都是他們的錯。不過算了，只要能熬過這個低潮，總有一天會有人發現我的優點……。」這樣天真的態度，實在讓人感到一陣毛骨悚然。

老實說，每位女性都有「灰姑娘情結」（The Cinderella Complex），只是程度上的差異而已。

我為某個具有百年歷史的百貨公司擬定行銷策略時，曾經建議一個方案：「今天光臨本公司的顧客，都能得到『一日國王』的禮遇」。

某位歌手曾說：「顧客就是神明。」但是這個方案不同。稱顧客為神明，一不小心極可能變得太過卑微。這個方案讓顧客享有國王般的服務，而不是將顧客奉為神明。這種極致的服務，可讓顧客感受到自己「特別的身分」，而且只送給萬中選一的顧客。

「共享祕密」是成效關鍵

在童話故事《國王的新衣》中，內容敘述一位備受奉承的國王，受騙於佯裝成裁縫師的騙子。於是，國王穿著「眼睛看不到的最上等衣服」上街，向人民炫耀。只有一個少年看穿真相，直言道：「國王什麼都沒有穿，國王是光著身體的。」

老實說，那位國王不就是呈現了顧客的真正面目嗎？

問題是，你是那位佯裝成裁縫師的騙子？還是那位說出國王是裸體的誠實少年呢？

如果想像故事的後續發展，那可是很有趣的呢。騙子會因此而被捕入獄嗎？少年會因為大膽敢言而得到國王賞賜，進而被國王延攬在身邊重用嗎？

我不認為結局會是如此。不考慮事情的分際、自己的身分而直言不諱，實在太危險了。那位少年應該也會被捕入獄吧。

話說得有些離題了。身為銷售人員，應該是了解一切並悄聲說出「國王陛下，您現在正光著身體」的少年。

假設你在店裡或辦公室與女性顧客進行洽談，在結束所有制式的說明、等待顧客做決定的期間，**可以在顧客背後推上一把、促使她們做出決定的最佳用語，就是——「我只跟您說」**。這句話一說出口，就是你與顧客之間的「共同祕密」。

「我只跟您說喔。其實，主管那邊的底價可以打到九五折。我只打這個折扣給您，請不要跟別人說。」

「這是我私下透露的。其實這個商品現在已經開始漲價了，不過現在我可以用原價賣給您。」

「請不要對外人說。如果您幫我介紹鄰居或朋友的話，介紹費可以折抵給您。」

對於通情達理的少年所說的話，身為女王的女性顧客應該會暗自欣喜地成交這筆買賣吧。

27 「是的，是的，是的……」

在提到日本神話裡伊邪那岐與伊邪那美的那一節中，我曾經說過，男性是理性的，而**女性是感性的**。理性就是重視理論，而且會受數據資料或過程經驗所影響。而感性就是指心理狀態，並**受到語言、顏色等感受性的刺激所影響**。而銷售人員若想打動女性顧客的心，就要從**說話的語調**著手。

不僅面對女性時如此，在與初次見面的人談話時，剛開始一定會感到彆扭，不過隨著發現彼此的共同點愈多，也就愈感親近，然後雙方的對談也就愈來愈順暢。

那麼，這種「順暢」的認知是根據什麼而來的呢？

「是因為習慣對方的緣故吧，面對初次見面的人總是會緊張的嘛。」可是，這不是促成雙方對話順暢的直接原因，只是對對方的感覺更加親近而已。

「經你這麼一說，好像是從找到共同的話題後，對話的節奏就愈來愈一致了。可能是開始能夠互相了解對方所說的話吧。」

沒錯，**對話順暢是因「節奏」一致而產生的**。而且，就如同古人看透女人就像波浪一樣，讓女性內心感到雀躍的也是節奏感。那麼，該如何創造對話的節奏感呢？

美國心理學家馬特拉左（Matarazzo）曾經提出這樣的報告。在一個警察與消防隊員的面試場合中，最初十五分鐘考官以一般的態度應對；接下來的十五分鐘則頻頻點頭示意。藉此比較面試者在前十五分鐘、後十五分鐘說話時間的長短。實驗結果發現，考官頻頻點頭的那十五分鐘當中，大部分面試者的發言時間都會增加。

這項結果顯示，由於考官點頭的動作讓面試者覺得「得到認同」而感到高興，因而增長發言時間。得到認同所產生的信心，讓受試者在面試的緊張狀態中，也能侃侃而談。不僅是點頭的動作，「嗯，嗯」或「是的，是的」等語詞，也具有相同的效果。

逐漸擴大肯定的話題

將這個技巧運用在推銷上吧。心理學的專門術語稱之為「心向」（mental set，指個體的心理或行為傾向。也就是說，當個人面對問題情境時，忽略情境中的客觀條件，而以其主觀的經驗與習慣方式處理）。

首先，說一些話題讓女性顧客能夠簡單同意你的說法。以推銷化妝品為例：

「您會在意皮膚變得粗糙吧。」

「嗯嗯。」

「每次化妝的時候不好上妝，心情也跟著不好了。」

「對啊，對啊。」

「可是，又沒有多的預算可以花在化妝品上。」

「就是說啊。」

「不過，如果是兩百日圓左右的話，應該就比較不會心疼吧。」

「嗯。」

「像這組化妝品啊，如果買一整套的話感覺很貴，但是每一個單品平均下來大約是兩百日圓。如果從這個角度來衡量，您應該就會覺得很便宜吧。」

「嗯，說的也是。」

「所以，您就能夠依照您所希望的價格買下這整套產品了。」

「你說的沒錯。」

由最初一個小小的YES，在節奏順暢的情況下，就變成一個達成交易的大YES。而且還能讓女性顧客覺得「很開心」。

從小小的「困惑」開始，保持良好的節奏感進行雙方的對話，在**對話中兩人同心協力解決困難**，並且因此得到成就感。顧客甚至會對自己找到購物的解套方式感到滿足。

28 「總覺得這好像是命運的安排……」

有不少女性非常喜歡算命或是預測未來的運勢。夜晚熱鬧的市區裡，看到有女性排隊的大多是命理老師的攤位。不僅是命理老師，現在連女性雜誌內的算命專欄，都會影響雜誌的銷售量。不只是大人，有時連小孩都先看了早上電視節目的運勢分析後，開始憂喜參半的一天。

最讓男性無法理解的是，書上寫的或是老師講的明明可能是不好的結果，但是為什麼女性還會這麼熱中呢？

從心理學的觀點來說，由於女性的「傾向性」強，因此容易被算命所吸引。當女性看到某雜誌預測自己的運勢不佳時，就會找尋另一本雜誌的命理專欄。她們翻找別的雜誌，並不是為了確定自己的運勢真的不好，而是試圖尋找別種說法，或許有的雜誌會寫自己將有「好運」降臨。

找命理老師也是一樣，如果某位命理老師算出來的結果不好，那麼隔天她們也會毫不在意地找其他的命理老師，希望聽到的是好的預測。然後她們就會說：「這位命理老師好準喔。」

這是哪門子的算命啊？難怪男性看了要目瞪口呆。但是，女性的內心中並沒有任何矛盾，因為她們對不好的預測視而不見，只會記得好的結果。而且，命理老師失準的部分，她們就裝作沒聽到，只聽準確的那一部分。這就是「內心傾斜」的機制。

為什麼女性的內心會產生這樣的機制呢？

這是因為性別差異，造成女性生來特有的「對未來感到隱約的不安全感」。而當女性位於人生的分歧點時，這種隱約的不安全感剝奪了她自身的決斷力。因此，女性面對最後抉擇時，會因為害怕而無法下決定。

如前所述，女性連自己做的事也無法負責。只要不叫自己承擔責任，誰來做決定都行；而如果是與距離最遠的神明來承擔責任的話，那就更好了。

「神祕」這個詞彙，擁有巨大力量

這麼重要的大事交給神明來決定，就算男性批評她們也還是拿她們沒辦法。正因為被神祕的面紗包裹，所以女性才能在那一瞬間從不安全感中得到解放。對於擁有孕育生命的身體機制的女性而言，「神祕」是一個相當方便，也是一個非常切身的關鍵字。

而且，「神祕」這個詞彙也可以置換成女性喜歡的各種字眼：「巧合」、「不可思議」、「總覺得」、「命運」。以女性為銷售對象的所有商品，只要冠上這些詞彙，女性的目光就會轉為閃閃發亮。

「真是太巧了，這件貨才剛到而已。」

「真是不可思議，剛剛有一位客人也跟您說了一樣的話，她也買了這件。」

「怎麼那麼剛好，只有這件商品留下來，應該就是等著您來買吧。」

「這件商品彷彿注定要與您相遇一樣。」

接著，再加上女性所在意的一個重要關鍵字。「今天是這件商品與您相遇的紀念日呢。」

如此一來，對女性顧客而言，這個商品就幻化成某種特別的物品。這種手法就像在巧克力容易變硬的寒冷二月，巧克力製造商硬是編出一個「情人節」來提升二月的銷售業績一樣。

女性**因神祕的語言而啟動故事情節**。而你只需以思索的神情說：「總覺得這是注定好的。」

CHAPTER 5

用顏色默默打動顧客的七種深層心理

衣著顏色、天氣好壞……，
可以影響顧客的購買衝動。

一份最新發表的研究指出，女性找到自己想買的商品時，腦中的血液會呈現某種特別的流向。

這是美國哈佛大學的心理學教授傑若德·查爾曼（Gerald Zaltman）等人的研究結果。他們研究女性消費者購物時的心理，這份報告首次解釋了消費者的潛意識反應。

教授們的研究團隊，調查女性在各種不同的狀況之下，腦中的血流變化以及電流活動的變化。調查結果發現，當女性與強迫推銷的銷售人員說話時，或處於**使用混濁**、**刺眼顏色**的汽車銷售場所時，**血液會急速地流向大腦裡與負面反應相關的右前額葉與海馬區域**。

相對的，當女性處於**淡雅色調**的店裡與親切的店員對談時，**血液流向與滿足感等正面反應相關的左前額葉區域**。

研究團隊利用此項調查結果，建議美國一家大型汽車製造商更改商品展示間的設計及顏色。據說改變展示間的設計或壁紙顏色之後，銷售量增加了百分之三十之多。

成功銷售的關鍵在於顏色

F化妝品公司自創業以來，我就參與該公司的行銷策畫並擔任顧問。這家公司是日本最早運用女性色彩心理學的公司。

F公司是以郵購方式為主要的銷售管道，所以無法像其他老字號的化妝品公司一樣，在百貨公司內設立美容專櫃以及美容專員。美容專員與顧客面對面時，可以對顧客提出適當的色彩建議：「您比較適合這個顏色喔。」進而達到推銷的目的。

以往的化妝品公司都是沿用這種銷售方式。因此，F公司想出一個可以替代美容專員的方法。

首先，為了了解顧客的肌膚顏色，F公司先送膚色樣本給顧客，並請對方回答問卷；同時請她們寫下經常使用的化妝品顏色、衣服的顏色、喜歡的顏色、年齡、職業等個人資料。根據回收的資料，再以電腦推算出適合顧客的顏色，並贈送試用品以及化妝後的概念圖。

顧客覺得滿意，再向公司訂購。很幸運的，顧客因不滿意產品顏色而退貨的案例，在該公司幾乎沒有發生過。

以上這些都是大公司或店鋪利用色彩進行銷售的案例，個人的銷售人員也能夠將相同的顏色策略運用在推銷技巧上。而且，這種色彩心理學應用在女性顧客身上更是管用。

為什麼是女性而非男性呢？

關於這個祕密，以及如何將色彩心理學應用於具體的銷售技巧，我將在以下各節為你詳細解說。

29 領帶顏色，決定第一眼印象

假設你登門拜託顧客，當女性顧客打開大門時，你通常會馬上鞠躬彎腰。在此之前的那一瞬間，你認為對方的目光會投向何處？

「為了展現誠信，首先我都會注視顧客的眼睛。對方應該也是看我的眼睛吧。」

你搞錯了。我先前提過女性是膽小的。除非她們面對的是必須展現自己愛意的男朋友，否則基本上女性是不會注視男性的雙眼。

而如此膽小的女性為一位陌生男性開門，動物的防禦本能在一瞬間進行運作，判斷出「這個男性看起來應該不具危險性」。

舉一個不是很合適的例子。基本上，上門前來推銷的銷售人員，不太可能「帶著安全帽、穿運動衫，以及沾了泥土的工作燈籠長褲，再配上長筒靴」。這種沒有常識的銷售人員，從一開始就會被淘汰出局。但是反過來說，銷售人員的服裝幾乎都不會有太大的差異。

沉穩色調的西裝配上樸素的領帶，以黑色為主色的皮鞋。就算是盛夏時節也是一樣的裝扮，在顧客的大門前細心地拭去汗水，整理散亂的頭髮。

當顧客打開大門時，看到站在門口的只是一位「普通的銷售人員」。在銷售人員報上姓名、鞠躬敬禮前，女性顧客看的是他的**領帶**。

她們並不是觀察這條領帶是寬版的義大利風格，還是窄版條紋的常春藤風格。在一瞬間能夠判斷出來的，沒錯，就是**領帶的顏色**。

顯示自己是最佳交易對手的訣竅

我在T汽車公司擔任銷售指導時，曾經與該公司的頂尖銷售人員親近地交談過，這位銷售人員在業界被稱為「銷售天皇」。

某日我察覺到一件事，就是那位銷售人員的服裝有一定的規則可循。於是，我戰戰兢兢地向他請教這件事。

「請問一下，我看您穿衣服似乎有一定的規則，不知道我的觀察是否正確？」

「銷售天皇」笑著回答我。「你是第一位察覺到這件事的人。好，那我就告訴你。」

當時，他說的正是色彩心理學的原理，那是他在銷售現場中培養出來的、對色彩的敏感度。

「你發現的是我的服裝基本顏色吧。我是以深藍色為主色，然後再利用黃色或紅色進行搭配。深藍色西裝配上紅色或黃色的條紋領帶，或是深藍色西裝配上紅色系領帶、黃色皮包等。仔細觀察的話，雖然深藍色的主色不變，卻怎麼看都感覺是兩種模式。**與男性顧客見面時，我以深藍色為主色配上紅色配件；與女性顧客見面的話，則是配上黃色配件**。」

「可是，您推銷的車種不是以卡車為主嗎？為什麼會跟女性顧客接觸呢？」

「買卡車的幾乎是經營個人商店的顧客，而負責商店財務的通常是老闆娘喔。」

在那一瞬間，我像是遭到電擊一般受到相當大的震撼。同樣的西裝、同樣的態度、同樣的表情以及談吐。這是銷售人員的經驗所累積出來的必然成果。同時，這些不變的狀況也正是銷售人員之間的默契。

那麼，要在什麼地方表達自己、要如何發出信號，讓顧客了解我也是最佳的交易對手呢？

那就是利用領帶的顏色，其中的祕密下節將詳細為你解說。

30 「冷色系」隱藏的安全感

你是否曾經思考過，為什麼銷售人員都穿同樣的深色西裝？

「穿那樣不就像深灰色的溝鼠一樣嗎？」你在多愁善感的青少年時期或許曾經這樣想過。「以後，我絕對不要變成那樣。」

難怪年輕時的你會那麼想，因為暗深色的西裝散發出「沒個性」、「老氣」的感覺。其實，深色西裝本來就會帶來那樣的視覺效果，所以不只是你，任誰都會有那樣的感覺。不同的只是以正面或負面的說法來形容那種感覺而已。

沒錯，「沒個性」表示「沒有人會討厭」；「老氣」表示「穩重、可靠」。從這兩個特點產生出來的就是「安全感」。

大致區分色彩分布時，深色系屬於「冷色系」；相反地，明亮的顏色屬於「暖色系」。從心理學上的影響來看，兩大色系產生的效果也完全相反。**暖色系讓人覺得距離較近，會產生壓迫感；而冷色系感覺距離較遠，好像往遠處逐漸離**

去的感覺。

換個說法，暖色系的太陽給人壓迫感，當你凝視太陽時，會感覺太陽愈來愈大。而冷色系的海洋讓人感覺到大海的深度，凝視大海時就像是要被吸進海裡一樣。

從生理學上來說，這兩種色系也會產生明顯不同的效果。被**暖色系燈光**照射時，人體的體溫與血壓會上升，呼吸及心跳次數也會增加，也就是說**身體的活動會變得活絡**。相反地，被**冷色系燈光**照射後，**人體的體溫與血壓下降，呼吸及心跳也跟著緩慢下來**。

從兩者的差異產生一個有趣的現象，那就是處於暖色系的環境中，感覺時間過得比較快；但是處於冷色系的環境中，就會覺得時間過得比較慢。

許多地方都會運用色彩的這項特點，創造需要的效果。例如，拉麵店或咖哩料理專賣店等，希望顧客的流動率比較快，店內的裝潢就會採用紅、黃等暖色系的顏色。而銀行或醫院等，那些讓人等待的地方就會採用冷色系，讓顧客等待時不會感到焦躁不安。

活用深灰色西裝的歷史經驗

那麼服裝上應該如何應用色彩效果呢？

對於銷售人員的深色西裝，女性的看法為何？感覺又是如何呢？

我在前一節曾經提過，女性會先以「領帶的顏色」評定對方。對於女性顧客而言，**領帶的顏色是她們判斷銷售人員好壞的關鍵點**。針對這點，我將在此略做說明。

女性顧客進行判斷時有一個前提，那就是對方是否穿著深色西裝。

一般來說，銷售人員穿著深色西裝是理所當然的裝扮。不過，由於現今制式的價值觀已經逐漸瓦解，在你的身邊應該也會出現一、兩位毫不在意別人看法，染著淺棕色頭髮、戴著耳環進行工作的新人。

沒錯，那樣的新人，可能會穿淺色系西裝出去拜訪客戶。若真如此，女性顧客的反應又是如何呢？

在看到棕色頭髮以及華麗的領帶之前，女性顧客就已經先注意到淺色西裝而心生恐懼了吧。淺色系屬於暖色系，女性顧客**在潛意識當中就畏懼暖色系所帶來的壓迫感**。

透過大門上的貓眼，看到外面站著一位穿淺色西裝的陌生男子，毫無緣由地就覺得緊張起來。明明只是站在門外而已，但總覺得對方好像愈來愈靠近。

「我覺得這個男人很危險。難道會是推銷員嗎？不，不太可能。因為推銷員應該不會穿那樣的西裝才對。」

心情低落的職場菜鳥，在不明原因的情況下不得不離去。然後，總有一天他會明白，應該穿著深色西裝出門。因為他終於了解深灰色西裝所寫下的光榮歷史，並充分明白擅長心理學的人身穿迷彩服的戰略意義。

31 陰天比晴天更容易達成交易

「壞天氣是推銷員的最佳夥伴」，這樣的說法一定會讓你感到不可思議吧。

「記得買車簽約時，銷售人員都會指著晴空說：『今天真是簽約的好日子』。」

「本來就有不少女性有偏頭痛的毛病，遇到低氣壓的陰天肯定更不利於交易吧。」

我相信，應該有人會如此反駁。但是，這些說法其實都誤判了情勢。比起大好晴天，**女性顧客更希望在陰天簽訂契約**。

以顏色為判斷的標準，想想晴天與陰天的差異吧。晴天表示「明亮的陽光」、「暖色系」、「物體、色彩可以看得很清楚」。而陰天則是「模糊看不清楚」、「陰暗」、「冷色系」。

如果要以蠟筆來描繪這兩種天氣，你可能會猶豫要以黃色或紅色蠟筆繪出晴天，但你絕對會毫不遲疑地選擇黑蠟筆描繪陰天。沒錯，陰天就是「具有黑色背景」的世界。

無論你光顧過多少家壽司店，你是否注意到這些壽司店都有一個共同的特色？我指的就是顏色，為什麼壽司店的櫃檯都是黑色的？

當師傅將壽司端上櫃檯時，你先從座椅上起身，保持一點距離、仔細觀察就會明白。黑亮的櫃檯上清楚浮現的是全白的米飯，上面還有看起來油亮又好吃的食材。

「等等，那個壽司在被端出櫃檯前，本來就已經很好吃了吧……。」

關於色彩心理學的實驗有很多。例如，食物放在黑色器皿上會比放在白色器皿上，看起來更為明亮、好吃。壽司店的黑色櫃檯也是相同的道理。最近，連拉麵店都開始使用黑色大碗，因為黑色器皿具有增強內容物的亮度，以及增加內容物之「色度」的效果。

在這裡提到的器皿，也可以視為「背景」。因此，陰天與銷售人員是最佳的銷售搭檔。

容易受暗示的「電影院效果」

就像在調色盤上，調混所有的顏色後會變成黑色一般，裝扮時黑色終究是最極致的顏色。無論是什麼樣的女性，只要穿上黑色喪服就會散發出一股特殊的魅力。

詢問過女性之後發現，她們認為最好看的衣著色調是**單一的顏色**。而黑色最能夠襯托出穿衣服的這個人。

「穿上黑色服裝，無論是誰看起來都很漂亮。女性們都知道這點。不過，若要將黑色服裝的感覺發揮到淋漓盡致，還得加上連其他女性都會感到佩服的努力與自信。」

這句話意含著「善於打扮」，也可窺見女性擅長「將自己化為故事中的人物」。女性喜歡待在電影院裡面，正因為電影院裡一片漆黑，所以她們能夠在此遨遊於自己的故事情節裡、為自己的故事傷心淚流。

女性顧客為何喜歡在陰天的日子裡簽訂契約？這點我想你已經明白了吧。**陰**

天的日子，就是將現實世界幻化成電影院的日子。

再次想想，電影院對女性的心理帶來什麼樣的效果。我想大概可以列舉出下列幾項：

- 黑暗中的**孤獨**感；
- 黑暗中的恐懼感帶來的不安；
- 受以上感覺影響呈現渴望的狀態；
- 受以上感覺影響產生宗教的氣氛……。

這些狀況帶來的效果，是**女性的內心會「容易受到暗示」**。

對於女性而言，以陰天為背景所進行的洽談，感覺好像與現實世界脫離，就如同置身於電影院時的好心情一般。選一個陰天與女性顧客簽約吧，因為陰天才是最佳的簽約日。

32 從小東西，看出喜愛的顏色

現在，你可能對於「顏色」帶來的意外效果感到佩服，或許已經準備利用顏色一展長才。

「讓女性顧客心動的是顏色嗎？好極了！那就以顏色為話題。對了，最好能夠先知道顧客喜歡的顏色。」

嗯，有這股幹勁，很好。但是，我想先問你一個問題。「你要如何知道女性顧客喜歡的顏色呢？」

「那當然是看她穿衣服的顏色，或是……。」

你又差點被女性的面具所騙了。**女性在選擇「服裝」時，並不會挑選自己真正喜歡的顏色**。換句話說，「女性選擇服裝時，不見得會挑選自己喜歡的顏色」。你想想看，當你參加結婚喜宴或公司的慶祝會等正式場合時，你會穿著自己喜歡的綠色西裝出席嗎？或是葬禮或告別式的場合呢？

「那當然是穿黑色西裝囉。最好是深色的西裝配上黑色領帶，這是常識吧。」

沒錯，連被那麼多傳統規範所限制的男性，對於服裝的「顏色」都有那麼多被「常識」所限制的不自由，更何況女性在社會的模糊要求下，加上每個人個別的狀況，情況複雜度已經不是男性所能想像了。

藏著真心話與場面話的服裝顏色

不過，若以場合來看，女性選擇衣服顏色大概有以下幾種情況：

- 小孩的入學典禮等有其他同性盛裝打扮的場合。女性會選擇突顯出時髦、又具有高級感的服裝或是名牌服飾等（不一定會選擇自己喜歡的顏色）。
- 在百貨公司或專賣店等，多為女性店員而且會注意顧客服裝的場合，女性會做雜誌、電視等旁人認為時髦的打扮，名牌服飾是最保險的（不是喜歡的顏色）。
- 到附近的超市購物等極可能會遇到熟人的情況，雖說不化妝也不穿著名牌服飾上街，但是自己喜愛的顏色也有可能成為別人八卦的題材，不想被對方看穿「真實的自己」。不會選擇亮麗的顏色，而且也會盡力做簡單的搭配（不會顯現出自己喜歡的顏色）。

是的，女性在服裝上不一定會選擇自己喜歡的顏色，衣服的顏色同時存在著真心話與場面話。

那麼，該從什麼地方看出女性喜歡的顏色呢？你無須傷腦筋思考這個問題。你只要仔細觀察女性顧客**從皮包掏出來的活頁記事本**，那記事本的封面是什麼顏色呢？

「如果我沒記錯的話，應該是粉藍色吧。」

那就回想一下女性的裝飾品，並一一檢測：戒指、耳環、頭巾、手機吊飾……。

「這麼說來，好像藍色系的顏色比較多……。」

沒錯，**女性喜歡的顏色就是藉由小飾品表現的**。雖然服裝受到外在規範的限制，但這些隨身小物品並沒有任何限制。若是到了正式場合，只要取下、收起來即可。

「小東西」並不限於裝飾品、雜貨或是文具用品。若要定義的話，那就是「便宜、小型而且攜帶方便的東西」。可以不需考慮場合、原因或任何限制。由於價格便宜，所以只因「可愛」、「漂亮」等觸動情感的理由就可以買下來，不會造成任何負擔。

「哪有那麼誇張的理由，這種東西根本就是因為便宜才買的吧。」

就是因為可能會暴露真正的自己，誰也不會想要以這種便宜貨來表現自己。而她們以這種玩笑躲過了暴露自己的危險。但是，正是因為看起來不是重點的東西，所以才能夠單純地呈現女性的祕密。

33 表明討厭的顏色，就利用「反稱讚法」

你覺得日本人一般喜歡什麼顏色？

「自古以來，日本人喜歡的當然都是植物的顏色囉。闊葉樹的樹葉在四季變化中所呈現出的顏色。像是春天的新綠、秋天的紅、黃等。」

這個回答的著眼點相當不錯，但卻與事實有些出入。根據某項世界規模的調查統計發現，日本人喜歡的顏色是原色系。其排名順序依序為藍紫、紅色、黑色、白色、藍綠色。而其中最能代表日本人的就是「白色」了。

「經你這麼一提，像是古城或是寺廟、古蹟等老房子的白色牆壁都很美啊。」

事實上，白色擠入日本的歷史排名也是前不久的事情。那是第二次世界大戰剛結束時，美軍進駐日本所帶來的風潮。灰白色吉普車漆上表示軍警的英文字母——MP。還有到處可見的美軍設施或住宅的牆壁，也都是灰白的。

比起發放給小朋友的巧克力，在因戰敗而感到疲憊的日本人心中，這樣的白色植入了某種憧憬情懷。「總有一天我要住那種白色房子」、「總有一天我的公司也要漆上那種白漆」……。

於是，「白色文化」在日本流傳開來，卻只是在形式上模仿美國文化的行為，想起來令人感到心寒。但在喜好原色的日本人心中扎實生根，陸續建造一棟又一棟灰白色國民住宅。

當時，小客車是出口產業的重心產業，主要的車款顏色也都以灰白為主。曾幾何時，車子的「白」由灰白轉為黃白，又改變為珍珠白、純白等，每家製造廠出產的白色也各有不同。

白色的種類多到連製造商也分不清什麼是「真正的白色」。不過如此一來，原色也不得不跟著產生各種變化。雖然，日本人喜歡原色，但是分別調查之後發現還是有些微的差異。「白色」但加上一些黃或藍，於是產生各種不同變化。統計最後只能以一個「白色」作為總結。

具有男生性格的女生

與這種狀況類似的，女性當中也有人明確宣稱「我討厭原色」。「我不要這個商品，因為我討厭原色。」

有的人會討厭某種顏色，但有的人沒有特別討厭的顏色。色彩心理學針對這兩種人進行性格分析。討厭某種顏色的人，「有清楚的評斷標準，同時誠實面對自己的欲望」；而沒有討厭顏色的人，判斷標準模糊，連自己的欲望是什麼都搞不太清楚。

根據這個分析結果來看，沒有討厭顏色的人就是女性的性格。也就是說，**清楚表明自己討厭原色的女性，其實是具有男性性格的人**。

「這個商品的顏色是原色，所以我不喜歡。」

就算突然遇到這種出乎意外的反應，也要保持冷靜。你要假裝若無其事，但是推銷策略卻要做一百八十度的大轉變。沒錯，**以女性為對象的話題，必須轉變為以男性為對象的話題**。

不願意主動透露自己所隸屬團體名稱的女性，彷彿可以聽到她們內心正吶喊著：「我跟你認識的一般女性不一樣」、「我是特別的」、「請你了解我、認同我、接受我……」，在你面前的是一位盡心盡力繃緊神經、挺直腰桿辛勤工作的可愛女性。

你絕不能將她挺直的身軀扳回原位。這時你應該機靈、若無其事地使用一個讓對方意想不到的技巧——**反稱讚法**。

「您很了解自己呢。」只需要這麼一句話，女性顧客會再度回到謙虛女性的模樣。

34 深藍色西裝提升「信賴度」

本章一開始就提到「深藍色西裝的祕密」，現在終於要對你說明白了。不過你讀到這裡，大概已經有一點概念了吧。

深藍色與大海的藍、天空的藍，是容易把人吸引過去的藍。什麼職業的人會穿那種深藍色的西裝，想必不言而喻。或許有人會想起招募新人時的畫面。但是，事實上正好相反。

經常被推薦的面試服裝，是以某種對象為模範。那個模範所表現出來的風格，是在社會認知中最安全、最值得信賴。最好是那種讓父母不覺得丟臉，希望自己的子女也從事的職業。可以說，是父母感到安心的職業。

沒錯，深藍色聯想到的職業就是公務員、銀行員，還有警察，或許有人會聯想到軍人。

這些職業給人的印象是「踏實、知性、有禮、團體行動、值得尊敬（或是自認為應該被尊敬）、被信任的」。

深藍色代表的是「制服」，同時也能表現出對團體或組織的信任。

甘迺迪總統，靠這個顏色獲勝

舉一個美國總統選舉的案例。美國的總統大選是每四年舉行一次，也是美國規模最大的一項全國性活動。總統選舉會在總統任期結束前一年開跑，從決定共和黨與民主黨的總統候選人一直到兩黨對決，在美國民眾的關心到達最高潮時，產生新總統。

你覺得贏得這場選舉的最主要關鍵點是什麼？

「美國總統大選是一種特殊的間接選舉制度。先在各州選出支持總統候選人的議員，哪一黨的議員多就贏得該州的選舉。人口多的州或都市對勝負的影響很大。」

在那個土地寬廣又擁有許多民族的國家，每一個州就如同一個小國般擁有自治權。這種選舉制就是因應這樣的國家特色所制定出來的。但是我的問題是，影響投票結果的是什麼呢？

「對了，是辯論。我曾經看過報導，是舉行許多次的總統候選人電視辯論會。」

沒錯，正是電視辯論會。這裡有一個知名的故事。當時，甘迺迪總統出來競選，卻只靠一次電視辯論賽就瓦解了尼克森的優勢。尼克森陣營不僅瞧不起年輕、且經驗不足的甘迺迪，同時輕視了電視的影響力。

但是，甘迺迪陣營全力應付這場辯論賽，並做了萬全的準備。他們並非進行沙盤推演來反駁對方的政策，也不是研究尼克森的弱點。而是集合有才能的廣告人或電視界人士，研究什麼樣的動作、表情或說話方式，在電視上最討好。

幕僚們只著重這一點。接著，**反覆研究西裝與領帶的顏色**，找出在黑白電視上能夠展現威力的顏色。為了這些，他們寫出了堆積如山的研究報告。

最後，他們精采地打贏了這場比賽。與精力旺盛、看起來又可靠的甘迺迪相比，尼克森怎麼看都是畏縮又無精打采的模樣，而這些在電視的螢幕上被觀眾看得一清二楚。

甘迺迪靠這場電視辯論得到許多女性的支持，最後得到壓倒性的勝利。

據說現在美國總統大選的勝敗，甚至是由好萊塢有才能的製作人決定支持哪一方而定。而且，有利的服裝搭配在電視上完全一覽無遺，那就是「深藍色西裝配上紅色領帶」。

柯林頓總統在電視選舉辯論賽中以這身打扮勝出。而因性醜聞而在電視上道歉時，也是穿「深藍色西裝配上紅色領帶」，因而順利從醜聞事件中全身而退。

尼克森總統想從水門事件脫身，最後還是宣告失敗。他在電視上針對事件做說明時，穿的是咖啡色西裝。

當你與顧客簽約時，記得穿深藍色西裝。就算穿錯了，也千萬別穿咖啡色西裝……。

35 新鮮感還是安全感？衣服這樣穿

我曾經在N壽險公司進行銷售指導，大約一個月一次對該公司數百名銷售小姐講授推銷禮儀與推銷技巧等。不過，每次上課前我花最多心思的只有一件事，那就是「穿著不同的服裝」。正因為我在多家公司開設課程，所以我對「服裝」特別注意，而且利用電腦做服裝管理。

「○月△日　N壽險　關於……的演講
西裝　○△公司的深藍色
領帶　紅底黃白條紋
襯衫　白色
皮鞋　黑色壓花縫線」

大概是這樣的紀錄。我並沒有一整個房間的衣服，了不起就是我的西裝和領帶比一般營業員要多一些。但是，為什麼我要特意利用電腦來進行服裝搭配的管理呢？因為N壽險的聽講員工都是女性的緣故。

喔喔，我不是因為演講對象是女性才特意打扮。嗯……，或許也有部分的因素吧。總之，假設演講時間是一小時，要讓女性聽眾一直對演講內容感興趣，就得「每三分鐘給一次刺激」。

不僅是女性，**人類集中注意力的時間只有三分鐘**。因此，若想吸引對方聽你說話，就必須每三分鐘加入一些幽默話題，以製造聽眾的情緒起伏。而且，這個三分鐘一次的情緒起伏，對女性而言也是產生節奏的絕佳間隔時間。

這個銷售指導的演講，對於相同的聽眾持續進行了一年。畢竟是一年的時間，有些女性聽眾聽久了而產生「厭膩」的情緒，也是沒辦法的事。

因此我替自己定下這樣的規則：每次穿著不同的服裝。藉由每次**變換不同的服裝，來喚起女性聽眾對我的興趣**。如果能夠引起對方的興趣，那麼與我見面將會成為一種期盼。這是針對積極的銷售小姐所採取的策略。

固定的服裝讓對方產生安全感

有的銷售人員進行銷售時，「總是穿著相同的服裝」。反過來說，這種策略可以讓對方**產生「安全感」**。雖說總是穿著相同服裝，但並不是說每次都穿同一套西裝，而是指相同顏色的西裝或領帶。

在心理學上這代表「保守、踏實、可信賴」。銷售人員每次都以相同服裝登門拜訪時，女性顧客在不知不覺中就會對銷售人員產生信賴感，於是願意進行小小的詢問、對話，最後生意得以成交。

不過，這也是大家都曾經做過的事。女性總是想變換不同的服裝。這種情況你應該經驗過。未婚的人每次約會都會看到女朋友變換不同裝扮，其用心的程度讓你覺得感動；已婚的人看到太太變換服裝之頻繁會大感驚訝。例如，星期假日並不打算出門，所以你與平常一樣穿T恤或汗衫等；而你太太卻在上午和下午換了不同的衣服。如果你問她，答案應該是可想而知的。

「如果被附近的鄰居看到我都是一樣的裝扮，會很丟臉吧？」

在心理學上認為男性不愛改變服裝，是因為「男性是保守的，不擅長應付變化。因此他們無法忍受改變服裝所帶來的不安定感」。女性則是「善於面對改革與變化，內心不會因改變服裝等小事而受到動搖」。而我想再加上女性「對於更換服裝、自己的改變樂在其中」。

總是相同的服裝？還是要一直變換服裝？你無須在其中搖擺不定，只要選定其中一項堅持下去就好。

CHAPTER 6

顧客一說「NO」，立刻逆轉成交的七大訣竅

拒絕的瞬間，正是你逆轉情勢的最佳時機。
只要使用關鍵技巧——反稱讚法。

前面提過數次的「反稱讚法」，在這一章節將為你詳細解說。

當然，我並不是一天之內就想出這個獨門祕法。一開始，我和你一樣只是個小小的銷售人員，每天拜訪十個客戶、還不一定能談成一筆生意。

每天、每天，被幾百位客戶拒絕，別說是消極頹喪，有時候甚至想逃離這個職業。

一個又一個女性顧客都是使用相同的理由拒絕，嗯……，為什麼互不相識的女性會對銷售人員做出相同的反應呢？連拒絕的台詞也像是蓋章一樣，字句不差。而且那個時代還不像現在資訊這麼普及。

於是，我開始思考，這會不會是女性特有的心理反應呢？

如果是研究心理學的話，那就是我的專長了。我特地寫下女性的心理特性，並對照女性顧客對我這類銷售人員所做出來的拒絕行為。兩相比較之後，兩者一致的情況讓人覺得相當有趣。

是的，**女性顧客說出拒絕的言詞時，在潛意識中都會產生「內疚」的心態**。

「拒絕」，就是達成交易的「暗示」

「這產品不適合我。」內心說的是：「如果有適合我的產品就好了。」

「我不是說過嗎？太貴了，買不起。」內心話是：「如果再便宜一點就好了。」

「我還是買別家公司的產品好了。」內心的想法是：「你的產品要是品質再好一點就好了。」

女性以愈激烈的語氣拒絕，內心的反應也會愈強烈。而且，女性的內心深處極希望消除那種「內疚」的感覺。所以，如果你能夠在女性顧客拒絕的那一瞬間，解除其心中的「內疚」的話……。

當女性顧客準備拒絕銷售人員時，其實她所說的話正是**最佳的暗示**，而那一瞬間也正是你逆轉情勢的最佳時機。

當女性顧客拒絕時，她們認為銷售人員會沮喪、哀求，或許還會口出惡言，所以她們就會感覺厭煩。「沒辦法呀，又不是我的錯。」

然而，如果這時出現一位銷售人員稱讚顧客的拒絕，會發生什麼事呢？拒絕的態度愈強，內疚程度就愈高。如果你只用一句話就解除她們心中的內疚呢？

我試過一種方法。當我這樣做之後，顧客的拒絕立刻消失，開始對我的談話感興趣了。

我稱這種方法為「反稱讚法」，顧客拒絕的力道愈強，反射回去的「反稱讚」威力也就愈大。接下來，就讓我公布這個完美的逆轉技巧吧。

36 挑戰你，是希望獲得你的認同

當你正在說明商品時，有的女性顧客會冷不防地說出這麼一句話。

「我跟你說啊，你今天說的，跟這週發行的〇〇〇雜誌所刊載的內容，完全一樣。」

「等等，你說大家都一樣，是眞的嗎？」

「你啊，如果以爲我是女人就覺得我是傻瓜的話，那你就錯了。」

「眞的那麼有效嗎？你自己試過嗎？」

「多久的時間內會產生多大的效果？你能不能更具體地說明呢？」

你輕鬆地介紹著商品，心想著「這麼看來似乎有機會成交喔。」沒想到，突然遭受對方的反擊，讓你一下子招架不住、不知所措。

「啊，太太，我話還沒說完呢。」如果你這麼回應的話，那更是火上加油。

「你先好好回答我的問題就是了。」

這時你終於察覺到，哎呀，剛剛客氣的態度根本就是個陷阱。喔，說陷阱是有點失禮。事實上或許可以說這類的女性顧客正「等著」你上門。「這個人也許就是我一直在找尋的人」，所以她給了你一個機會、聽你的解說。然後，為了試探而問了那些問題。

「這個人，是否就是我一直在尋找『認同我』的那個人呢？」

沒錯，女性要的是**第三者的認同**。

利用談話解除對方的自卑

美國心理學家荷娜（Matina Horner）認為：「女性對於知識活動中是否能夠成功，通常持負面的想法。」換句話說，例如，當你分別對男性與女性託付一件工作，同時預先告知：「這件事情需要用腦，很困難。」這時男性會表現出積極參與和挑戰的態度說：「請交給我」、「讓我來試試看」。但是，女性則會表現出猶豫的態度：「我辦得到嗎」、「對我來說可能太勉強了吧」。「打敗男性的話，就不像女人」，或是「就算我順利完成，別人可能也會說些負面的閒言閒語」等，女性內心的糾葛造成心理上的障礙。

最近的研究顯示，女性心中存在的「障礙」是來自於學校，特別是在義務教育階段就已經種下種子。

首先，在幼稚園或托兒所裡都教小朋友什麼呢？無非就是順從以及行為禮儀等。這些「秩序的一致性」，大概都是適合女性角色的行為。因此，幼稚園的老師以及保母，幾乎都以女性為主。

在這樣的環境中，小男生也在女性化的規範下成長。但是當他們進了小學，在升上高年級的過程中，男性教員逐漸增加，這時小朋友的認知才了解學校是屬於男性的領域。

其中最大的原因在於評定學習能力時，「理科」的比重逐漸增加。在社會上理科與「製造物品」的男性嗜好或職業，有直接的關聯，隨著學年往上提升，這種認定也愈加強烈。在這當中，女生對理科愈來愈感到疏離，造成她們在男性面前產生自卑感。

事實上，攻擊你的女性顧客所說的言詞，就是**因這種自卑而發出來的求救信號**：「認同我吧，這點你應該辦得到吧。」

你閃躲過求救後，再接著出手。例如，你可以這麼說：「您真是專業。」這時，你會發現女性顧客的攻擊消失了。

於是你趁勝追擊：「我想您已經察覺到了……」、「那麼，詳情我就不再多說了……」。此時，顧客的臉上浮現出得到認同的安心神情，同時應該也轉變成謙虛的顧客。

37 被質疑，更要用力稱讚對方

當你熱情地表現自己的銷售技巧時，女性顧客像是突然回過神、說了以下這些話。

「你現在說的，跟剛剛講的怎麼有點不一樣？你這樣怎麼叫人信任你呢？」

「就算你強調這個商品的顏色或價格，但是跟△△公司的商品相比的話，就不好用了啊。」

「像你這種說法不就是把人當傻瓜嗎？做生意不是光讚美別人就好了。」

「你從剛才就一直強調，好像買了這個商品就會有好事發生一樣，我沒辦法相信你這種說法。」

對於銷售人員而言，最害怕的就是顧客的內心中萌生對你的「懷疑」。

「慘了，是哪裡出錯了嗎？我是不是講錯什麼話？還是我太興奮，讚美過頭了呢？不快點做些補救的話就完了……。」你心中焦急萬分。同時，顧客的心好像也逐漸離你遠去，使你愈來愈恐慌。

「完了，現在不管我再怎麼稱讚，我想對方也會認為我在說謊……。」其實，事情與你想的正好相反。並不是被懷疑就無法繼續稱讚對方，正因為被懷疑，所以**不能停止稱讚對方**。如果你現在停止讚美的話語，那表示你先前所說真的是謊言。

此時，就要運用「反稱讚法」。

利用「反稱讚法」逆轉形勢

顧客對於你說的話開始產生懷疑，這時在她的眼中已經認定你是「騙子」。若不加緊腳步，顧客就會口出惡言：「好了，你不用說了，我不想聽。」

在陷入這樣的困境前，你必須這麼說：「您對事情的觀察，真是敏銳。」當顧客抓住了你的把柄而感到自豪；或者因發現戴著推銷員面具的騙子，而感到沾沾自喜時，你臉上展現了微笑，說出那麼一句話。

現在換顧客陷入混亂狀態。因為，顧客說了連自己都會感到後悔的嚴厲指責，但是這個銷售人員不但沒有賠罪，或是尷尬地傻笑矇混，反而稱讚對方的譴責。事實上，**無論女性的言詞或態度有多嚴苛，她們的攻擊肯定也存在著因母性而產生的內疚心理**。

反稱讚法，就是抓住這項弱點的一個手法。顧客在那一瞬間倒抽了一口氣，這一瞬間就是你扭轉形勢的機會。

對於對方指出你的說法前後不一，可以**先認同其中的一部分**。

「我在談話當中了解到您對這件事情有相當的認知，所以我換另一種角度說明，如果因此讓您產生誤解的話，我在這裡對您說聲抱歉。我要說的是……。」

若是你的商品被指出缺點的話，那就**承認缺點的存在**。

「當然也曾經有人那麼說。不過，每個人對於好不好用的認定都不一樣。所以，如果以這件商品來說的話……。」

如果顧客不滿你的讚美方式，那就**怪罪到自己的遣詞用字**。

「不好意思，我忘了您是敏感的，所以不知不覺當中就得意忘形。不過，我只是想把我的感動表達給您知道。都是我不好，其實您……。」

對於你過度強調商品的優點而不說缺點，導致顧客產生疑問，這時你也告知對方你的用意。

「之前，我們從顧客那邊得到許多關於缺失的資訊，因此一一做了改進。所以，如果您在意哪些細節的話，也請務必告訴我們。我們真心誠意等待您的意見。」

反稱讚法的一句話，瞬間將顧客內心浮現的疑問化為烏有。

38 她透露個人隱私，你得說「內心話」

有時候，女性顧客會暴露自己的隱私狀況來拒絕你，那只是因為女性怕被別人看到「真實的自己」。

「喂，你幹嘛那麼想知道我個人的詳細資料？夠了，不要再問了。」

「你說的都是公司的理論，其實你只是希望東西能夠賣出去就好了。」

「誰決定什麼時候就應該更換？你知道我家每個月要繳多少房貸嗎？我們根本買不起那樣的產品。」

「雖然大家說保護大自然、愛護地球、保護生態等，可是大家在丟垃圾的時候不是都會感到清爽暢快嗎？」

以上所舉的四項暴露隱私的例子，若換個說法就會不一樣，依序如下：

1.「我在不知不覺當中就照著你說的做，結果說出了我的個人隱私。」

2.「我發現你的目的只是為了想要我買你的產品，所以才說那些恭維的話。」

3.「我家並不是像外面所看到的那樣。我家每個月都要繳高額的貸款。為了不讓別人知道，我還要到外面兼差賺錢。這點你是不知道的。」

4.「我們這邊每天上午很早就來收垃圾，一大早起床是很累的。除了經常要輪流擔任打掃的工作之外，而且有的鄰居還會隨手丟棄飲料罐等。這些事你們廠商是不會知道的。」

對於銷售人員而言，第二項是最麻煩的心理狀態。對於顧客而言，第一項則是她們真正感到困擾的。因為第一項最容易引發女性最討厭的「後悔」念頭。而第二項則是銷售人員最害怕的，因為他們可以預見他們與顧客間的「一體感」即將解體。

和她建立「共犯關係」

以上這些拒絕言詞的共通點都是顧客「暴露隱私」。「快點把他趕走，不想讓這個人留在這裡。」就算顧客如此激動，但是女性對於談論個人隱私又是什麼樣的心理呢？

女性談論個人隱私是因為當女性**想要說服對方時，最重視的是與對方維持「共犯關係」之故**。

法國知名女作家西蒙・波娃（Simone de Beauvoir）曾經說過：「女人被女人的宿命之說所囚禁，因此她們必須透過『共犯結構』才能感受到同性朋友的友誼。」

對於女性而言，真正的人際關係是從「共犯關係」開始建立起的。

「你的意思是跟女性顧客一起犯下什麼罪行嗎？」

當然不是這個意思。不過，如果真的犯罪成為共犯的話……，實在太可怕了，不要再想犯罪的事了。總之，如果你想跟女性建立友誼的話，建立共犯關係是最佳方法。所謂共犯關係，就是**女性最喜歡的「內心話」**。

姑且不論對錯善惡，當女性讓你看到她的內心世界時，她的內心深處是想跟你建立「共犯關係」的。

或許可以跟你建立「共犯關係」，進而與你建立朋友情誼。女性赤裸裸地呈現真實的自己，嘗試踏出那一步。

而你接收到對方傳送過來的訊息，必須**以自己的言語做出評價**。你應該這麼說：「您看待這件事的態度很認真。」

女性顧客對這句話會如此反應：「沒錯，身為女人的我一直都是認真的。」於是，你與女性顧客建立了共犯關係。

39 一再提問，只是要一句口頭保證

「你指著型錄說這個好、那個也好。那我到底要買哪個才好？」

「你說只要使用這套教材，小孩的成績就會明顯地進步。成績差的小孩不會只進步一點點吧。」

「產品的品質與使用的方便性等，你的說明我都懂。但是，只有這些嗎？沒有其他的優點嗎？」

當顧客提出這些問題時，大概就接近目標了。

只是，雖說接近目標，但是顧客為了慎重起見還是會問些問題。在這個階段如果說話不夠小心，前面的努力都將化為烏有。這點希望你不要忘記。

現在顧客的心中大概已經有**八成的「購買」意願**了。

但是，她們的內心總是存著些許的不安。正因為顧客自己也不明白這種不安

的感覺，所以才會希望藉助你的一句話，來撫平她們內心的不安。

遇到前述的三個案例，你一定會不自覺地想翻開資料重新說明一次。

「就如同我剛剛說的，我認為這項商品最適合您。」

你錯了。顧客並沒有要求你「幫我選一個最適合我的商品」。當顧客問「要選哪個好」時，其實內心已經決定要買什麼了，而且她們認為「這點你應該很清楚吧」。

但是，為什麼她們還會提出那些問題——彷彿一切都回到原點的疑問呢？那是因為她們**希望你「稱讚與你選擇相同商品的我」**。

想得到你的口頭保證

首先，丟出一句「反稱讚法」的話：「您考慮事情很周全喔。」這樣的一句話，不僅稱讚顧客心中的疑慮，同時也解開了她們內心的疑惑。

「根據我們公司的資料，只要使用這套教材一年，小朋友的成績一定會進步。」

針對第二例的疑慮，如果你是如上述這般應對的話，顧客一定會感到相當失望。顧客說「成績差的小孩不會只進步一點點吧」指的是「使用這套教材的話，成績就會進步」。她們已經認同你一直強調的產品「效果」。只是她們在認同你的說法之外，希望**再一次得到你的確認**。所以，她們會反覆檢視、確定自己有沒有忽略任何小細節。

此時，最重要的是收起手上的型錄或資料。所謂小細節並非型錄上刊載的「細節」，而是你的言語所保證的細節。這時你應該先說：「您考慮事情很周全。」接著說：「經過一年之後，小朋友的成績一定會進步。但是請您先試一個月看看。你會發現，小朋友的試卷上就好像都已經寫好答案一樣，考出來的成績一定會讓您感到相當驚訝。」

比起漫長的一年保證，一個月的時間更為具體。而這正是顧客所想要的，也是**型錄或資料上沒有的口頭保證**。當顧客開始產生疑慮時，質疑點會愈來愈擴大。正因如此，她們會感到猶豫。所以，你提出一個月的約定時間，**會將顧客的**

疑慮縮小，並讓對方感到安心。

縮小並避免疑慮擴散的重點，在於這句「模糊的反稱讚」：「您考慮事情很周全」。

第三例是「沒有其他的優點嗎？」首先，你還是可以說：「您考慮事情很周全。」接著，再加上「只有現在」、「只有您」等就萬無一失了。正因為「您考慮事情很周全」這句話不是那麼精準，因此對於最後的結尾具有相當的效果。

當你說出模糊的言詞時，**每個人都會將那模糊的語言，解釋成自己想要的意思**。因此，已經決定「購買」的心，會因為這樣的一句話而轉為具體的行動。

40 爭辯，爲了加強購物遊戲的樂趣

「我呀，高中時期曾經參加手工藝社團，所以我很清楚。像這種清潔劑使用的△△成分，在美國已經被證實會致癌，現在好像還在訴訟當中。」

「雖然這個很流行，可是這是比我年輕的人在用的，要我用的話太丟臉了。」

「我知道這種鍋子。在法國，這種鍋子是每一個家庭必備的廚房器具，而且好像都是母親買給女兒用的。可是……，這個價格眞是昂貴。」

原本一直靜默地聽著說明的女性顧客，突然開始滔滔不絕地說起一些她所知道的知識、資訊。有的人還會談起一些連你都不知道的資訊，如果你疏忽女性顧客的話，可是會丟臉的。

對於這類發言，如果你以備戰狀態——「好！談到這個領域了。」用正面接招的態勢面對的話，就會變得相當辛苦。

「他們在美國的確曾經被告，不過這個案子已經達成和解了。而且在日本也已經得到厚生省（編按：相當於臺灣的衛生福利部）的許可……」

「的確是比您年輕的人帶領這個流行風潮，但是這個商品也設計了各種不同的風格，以因應不同年齡層的消費者……。」

「在法國也許賣那個價格沒錯。雖然，我們鍋子的形狀與功能跟法國的那種鍋子相似，但是我們在材質上下了不少工夫……。」

你是不是誤以為對方是跟你一樣具有相同知識的競爭對手？而且試圖在競技場上駁倒對方呢？這麼一來就會引發雙方之間的爭論。然而，女性最討厭與人爭辯了。

讓對方滿足於特有的自我意識

女性對於你所說的話，並非全盤地了解接受。事實上，那麼專業的話不僅無聊，而且對於買或不買的決定一點關係也沒有。由於女性顧客被性別差異的緊箍咒影響，因此對於男性所說的話懷有某種程度的敬意。

「果然是因為工作上的關係，這方面你是專家。」但是女性在面對銷售人員時又想：「如果你因為我是女人就看不起我的話，我就不饒你。」所以，她們只要一逮到機會就馬上跳出來攻擊。

在前面的章節中，我曾經提過，對女性而言，她們對於購買行為是樂在其中的。購買行為類似遊戲，她想盡辦法試圖趕走不請自來的銷售人員，在策略的應用上就像玩遊戲一樣有趣。

然後，這樣的機會終於到來，話題中出現顧客擅長的領域。「好！讓我來教訓這個男人，讓他知道我不是一般女性」、「我要讓你知道，我跟那群被你任意擺弄的人不一樣。我就要看你會有什麼反應？真是有趣啊」。

如果你跟存有這種心態的顧客挑起一場爭論的話，那就太不上道了。

這是一場購物遊戲，而非競爭遊戲。可以說是一場角色扮演、找尋散落在競技場中的各種提示，進而追尋寶物的遊戲。

顧客丟出來的專門術語，測試遊戲主角的你是否了解，也是測試遊戲是否結束的提示；以及為了讓遊戲更有趣而出現的「隱藏人物」。你必須樂在其中，而且必須利用某種手法讓女性顧客感到開心，那就是「反稱讚法」。

「您相當看重這件事。」這樣的一句話，讓女性顧客的心中湧出一股喜悅。「很好！在這個人的心裡，我的地位又往上晉升一級了吧。」遊戲分數往上增加的喜悅會不自覺湧出。

讓銷售人員認識特別的自己，表示購買的行為傾向就更為增強。

41 利用她的內疚，扭轉情勢

「這種事情必須先跟我先生商量才行……，要不要買不是我自己可以決定的。」

「如果只有我買了這種東西，左鄰右舍不知道會傳出什麼閒言閒語。哎，就算是一點小事，他們也像是要找碴一樣豎起耳朵、觀察我的一舉一動。所以，我是不可能買的。」

「我的外表或化妝看起來也許很華麗，但其實都是別人的錯覺。所以你推薦的並不適合我。」

哎呀，女性顧客特有的逃脫手法出現了。這種心理是「你們男性絕對無法理解女性所在意的狀況和考慮的因素啦。」

換言之，「我講的事只有女性才了解，所以身為男性的你請放棄。」

當女性顧客說這些讓你無法反駁的台詞時，內心已經存在著「內疚」的情緒。也就是「真是抱歉。你這麼努力為我解說，這些我都明白。事實上我也認同你的說法，但是如果被我先生、鄰居誤會的話……。這不是我的錯，也不是我不好。這些你懂吧，請不要討厭我。」

因此，如果你還打算訴苦、奮戰的話，女性顧客也只會別過頭去而已。

「我只是這樣說讓你明白，為什麼要怪我呢？又不是我的錯。哎，完全沒有一個男人的樣子。這種情況到底要持續多久啊？什麼時候才會結束呢？哎，真是討厭。」

最後，她們會對你發起脾氣。這時候她們不僅不再感到內疚，而且搞不好還開始對你發動攻擊。而在這個時候，你一定要做的也還是「反稱讚」。

當對方開始說出拒絕的理由時，也許你就開始思考並急忙哀求對方，希望抓住最後一絲的機會。其實這樣會造成反效果的。**當女性懷著內疚的心情拒絕時，正是你扭轉情勢的大好時機。**

一句話，轉變顧客態度

當女性顧客利用「我先生」、「鄰居」、「誤會」等他人為藉口時，你像是要看透對方的心一樣，以憐惜的語氣對她說：「**您真是重視身邊的人和自己的想法**。」

並且接著說：「您的先生很幸福，因為太太這麼重視先生的想法。」

「**您一定跟社區的鄰居維持很好的關係**。最近，有許多人會把清理垃圾的輪值工作丟給別人負責。其實，以前的人就是靠這種愛管閒事的特性，才能維持親密的鄰里關係。您看，這當中不就藏著前人的智慧嗎？」

「**您常被別人誤會吧**。特別是女性經常被別人以外表來判斷。我也經常被認為是有魄力的人，但我其實很膽小。今天我也一直擔心會不會被您拒絕，而感到相當害怕呢。」

剛才被追到山崖邊緣、沒有退路的你，只需一句話就能在笑談之間與對方建立交情。顧客的「內疚」不再，反而因為曾有那樣的感覺而使快樂的心情加倍。沒錯，就是產生快樂的購物情緒。

所以，當對方以「鄰居的眼光……」拒絕你的時候，你就拜託對方介紹可能購買的顧客：「那麼，能不能請您私下推薦這附近的鄰居？」男性會覺得介紹客戶，自己必須承擔責任，所以不會輕易答應。但是女性為了規避責任，所以會爽快答應「推薦」適合的人選。

不僅得到新顧客，而且也與顧客擁有共同的祕密。當你再度回到雙方的關係時，對方應該會以溫暖的態度迎接共享祕密的你吧。

42 怎麼打敗電視或網路購物？

「你都是用這種方法推薦商品給顧客的吧，我不需要，我不喜歡接受別人的推銷，反正現在郵購這麼盛行。」

「你說大家都用這種產品，但是我不需要。實在很不好意思，請你去找別人。」

「一直以來，我試過各式各樣的產品，無論是減肥、洗臉的……。可是都沒用，完全沒辦法持續下去。」

許多女性顧客都是這類型的人。一旦她們表現出這種態度，你也只能說些安慰或鼓勵對方的話。

「您透過郵購的型錄買東西，眞的能夠從中得到滿足嗎？像我們這樣的方式不但能夠了解您的問題，而且我們也能夠一起解決問題。」

「請您先別這麼說，一定要試試看才知道。」

「如果是這種情況的話就沒問題，只要您使用我們的產品就一定能持續下去。」

就算你的態度如此積極，對充滿悲觀想法的女性顧客而言，卻完全無效。你現在面對的就是我在前文中提過，在學校教育中造成女性面對男性時，所產生的極度自卑感。

不過，就算情況沒有這麼嚴重，由於女性都會有逃避成功的念頭，所以你還是會經常遇到類似的情況。

郵購（電視或網路購物等）經常被拿來做為拒絕直銷的理由。因為大眾媒體的操作，**郵購成為「時髦」的購物方式**，在短時間之內由主婦族群擴延到年輕的消費族群。

女性顧客接受郵購的銷售方式有幾個心理層面的因素：

- 無須受到他人的指使；

- 樂在選擇的行為中；
- 能夠輕鬆退貨；
- 特別為自己送貨所產生的優越感、特殊感；
- 感覺比較便宜（認定比較便宜）。

稱讚對方勇於嘗試的積極面

郵購真是銷售員的強敵。郵購銷售公司也強烈覺察到這樣的市場結構，而積極擬定銷售戰略。美國最大的郵購公司——Outdoor，將公司的商品製成日文型錄，並以日圓標示價格，也在日本設立電話客服部門，讓消費者能夠直接利用電話訂購商品。

現在有相當多女性消費者熱中郵購。若被這樣的顧客拒於門外時，你該怎麼辦呢？

她們的生活方式或許是負面的，然而她們的行為表現其實都是主動的，不過她們本身並未發現這點。「你們都是用這種方法推銷」，這句話證明她們平常就會觀察、研究別人的行為。外出逛街時，也會一一檢驗店員的態度。

「不想跟大家一樣」表示她們掌握了自己的嗜好，清楚什麼適合自己，什麼不適合自己。這類的女性在私底下應該是對自己做了各種努力。

「什麼都試過，也什麼都無法持續」表示就算她們不斷遭遇失敗，卻也不會放棄，心想著：「總有一天，一定會找到適合自己的產品。」想讓自己向上提升。她們樂觀的動機促使她們做了各種嘗試。不過，卻害怕被人看清她們的決心，所以披上悲觀的外衣而已。

這時，你在佩服之餘也可以利用「反稱讚法」稱讚她們。

「您的個性很積極。」

「我明白，我可以助您一臂之力。您等待的人就是我。」

CHAPTER 7

日本銷售大師的八個實踐技巧

了解女性心理後的銷售策略，
絕對可以讓對方買得開心又滿足。

終於進入最後一章了。你應該開始了解，女性顧客這個不可捉摸的強敵，其實是非常具有魅力的顧客。

所以，接下來我們就要進入最後的實踐階段了。

萬無一失的出擊策略

我曾經在一家大型的教材公司擔任銷售人員。當時，我最先想到的就是要跳脫公司工作手冊裡所教的方法。那家公司採取佣金制，與一般按照業績計算薪水的制度不同。若是照著公司的工作手冊跑業務的話，也許可以達到平均水準，但絕對不會成為頂尖的推銷員。

銷售手冊教我們「當場推銷」。但我採用的方法是登門拜訪時，先把商品簡介交給顧客並說：「請您閱讀這個商品簡介，兩天後我再來登門拜訪。您到時候再給我答覆就好了。」前後大約三分鐘我便告辭離開。

為什麼是三分鐘？因為經過生理心理學的證實，人類能夠集中注意力的時間大約是三分鐘。因此，顧客對於我這個人和我說的話，也是這三分鐘裡的印象最為深刻。

同樣的，我在這三分鐘內要讀取女性顧客的反應，並從蛛絲馬跡中判斷可能購買的顧客。然後按照先前的約定，兩天後再度登門拜訪。是的，就算是單方面的承諾，我也跟顧客建立了「約定」的關係。

而且，我履行了我的承諾。前面詳細介紹過，這正是讓顧客**從小YES到大YES**的「得寸進尺法」之應用技巧。

兩天後，我再度登門拜訪。對看起來有希望購買的顧客，我會說：「如果您的小朋友的成績可以在一個月之內提高三十分的話，您一定覺得很棒吧？」

對於不太可能購買的顧客，我則說：「可以的話，能不能介紹朋友給我認識？」

有希望的顧客，就進一步提供具體的想像空間；沒有希望的顧客，就透過他們繼續開拓新客源。男性顧客認為，介紹朋友自己得承擔責任，因此不容易從他們那裡得到新客源。但是女性不同。女性認為介紹了之後，購買的責任就不在自己身上。

沒錯，這種推銷手法都是讀取女性心理之後所進行的策略。所以，我的業績曾經達到日本全國的第三名。

具有魅力的女性顧客正在你的面前等著你。而你的競爭對手只是在你和顧客的周圍白忙一場而已。從這裡開始，使用的方法就有所不同，女性顧客要的是……。

43 出其不意，讓對方說自己的故事

女性愛照鏡子的程度，經常讓男性覺得不耐煩。不過，最近鏡子似乎已成為年輕男性的必需品。可以說，這是男性變成女性化的典型例子。

女性喜歡照鏡子，是因為這樣可以讓她們確認自己的存在。「我覺得我的眼睛好可愛，朋友們也都這麼說。眼睛，是我的五官中唯一引以為傲的部分。好，今天一樣要加強眼睛的部位。」

再怎麼長相普通的女性，也會感覺「喜歡自己的哪個地方」、「喜歡五官的這個部位」、「雖然不能讓別人知道，但是對自己臉上的這個部分有信心」等，對於自己有明確的認知。

因此，她們化妝時便會以她們在意的那個部分為主。對眼睛有信心的人，就會習慣加強眼線、眼影、顏色等；若是對嘴巴有自信，就會加強口紅的部分；而肌膚狀態良好的人就會注重粉底。這些就算是男性也能夠簡單判斷。

大家都會讚美明顯而容易判別的部分，所以女性顧客就算被銷售人員讚美該部分，也不會產生任何感動，「什麼嘛，跟大家說的還不是一樣。」或許她們還會對擅長讚美的銷售人員感到失望。

「你也只是一個普通的男人，不是我等待的人。」

女性一開始就會觀察你，並懷抱期待、等著你的話語。結果，你說的卻跟其他人一樣：「您的眼睛很漂亮。」想想她們內心會有什麼反應。

已經展翅等待翱翔於童話世界的女性顧客，只能再度收起羽翼，回到無聊的現實世界中。你讓她們期待卻又讓她們遭受打擊，就必須負起這個責任。結果最後被顧客下逐客令。「我現在很忙，沒時間多聽。」

讓女性看見童話世界，就是讓她們出發前往她們最喜歡的想像世界。那麼該如何是好？

這時她們需要的是能量。喔，不。我指的不是勇猛的力氣。要讓女性開展羽翅的話，只要發出**感動她們內心的聲音**就夠了。愈是沒聽過的聲音，就愈能讓她們往高處、遠處飛翔。

不讚美對方最有自信的部位

要帶給女性顧客出其不意的喜悅。當然，就得看你說話的功力了。

若女性顧客的眼睛具有魅力，那就讚美眼睛的周遭部分。「您畫眉的方式很特別，眉型很巧妙地表現出柔和的目光」、「您使用的粉底顏色很好看，完全襯托出眼球的顏色」。

若對方嘴型具有魅力的話，那麼就稱讚嘴脣以外的部分。「您用的口紅顏色很美，讓您性感的嘴型看起來既時髦又成熟。」

若女性顧客留了一頭的直髮，那麼就稱讚髮型以外的部分。「您的頭髮看起來既清爽又光滑。請問，您都是使用什麼牌子的洗髮精和潤髮乳呢？」

特意避開一般人會稱讚的部分，而稱讚該部位的周邊部分。而且，以對方認為你會稱讚的部分為中心，話題圍繞在其周邊而不遠離。

這就是將女性引導至故事情境中的魔法語言，而且，這也成為讓顧客滔滔不絕說出自己故事的暗示。

44 用肯定的語氣

你知道英文與日文的文法最大差異點在哪裡嗎？

雖然說法各有不同，但是我認為不同點在於英文會將情感的表達放在句子前面，而日文則是放在句子後面。也就是說，英文的「我認為」、「我做」，或者是「I wish」、「I am」等，都是聽完主語之後就知道整句話的意思。

但是日文不聽到句尾，就無法知道說話者想表達什麼。因為，日文的否定是放在句尾，所以聽到「想」加「買」，就有可能是「想買」；或是「想買」後面加了「不」，變成「不想買」兩種結果。

政治家會說：「我們將會朝這個方向妥善處理，但是……。」高中女生也頗為狡猾會說：「難道沒有可能這樣嗎？」上揚的語尾，會讓人誤以為她們在反問別人。

日文簡直就像腹語術一樣。若對方開始說話時，你就高興承接，最後可能會落得丟臉出糗。而且，現在日文的語意愈來愈模糊，也就是說日文有愈來愈女性化的傾向。

的確，聽到年輕人說話，就明白他們無論是裝扮或說話方式，都已經有女性化的傾向。例如，在電車上毫不在意他人眼光，拿起化妝用品，照鏡子、修眉毛等；與女生對話時，感覺不到抑揚頓挫，而只有語尾上揚的語調。

雖然非常擔心，還差一點脫口而出：「喂喂！再這樣下去，日本的將來有沒有問題啊。」但是那些年輕女孩一點都不在乎。不過，雖然穿著鬆垮垮的襪套、染著一頭亂髮、晒得一臉的黑，卻非常擅長處世之道，快速地投入職場工作。

進入社會之後，她們說話方式也與男生有著天壤之別，毫不在意地以自己的方式說話。「人家就是小孩子嘛。就因為是小孩子，所以才要用那樣的說話方式講話嘛。」

想當小孩的心理，就是希望被溫柔對待、被重視、能夠撒嬌，這是女性特有的非現實心理狀態。她們的內心其實相當清楚：「可是，現實生活做不到。」

不要使用疑問句

女性明顯地表現出「現實社會中這樣才對」的態度，是因為這是個男性社會，至少還是以男性為主的社會。所以，女性表現出來的是類似放棄的領悟，或是女性就應該用這種方式生存的倫理觀。而且，對於她們而言，在這樣的社會架構之下生存，其實感覺是輕鬆的。

這樣講似乎有點難以理解。

簡單來說，**女性喜歡男性為她們做決定**，因為這麼一來男性與女性的角色就能夠清楚地劃分。決定者是男性，女性只要跟從就好了，也不必負責任。而且，絕對不會發生女性最討厭的「對自己的決定感到後悔」的情況。

因此，絕對**不能使用疑問句**與女性顧客對話。

不能說：「要不要買這一項呢？」而是：「**就決定這個好了**。」

不能說：「是這樣沒錯，要選哪一個呢？」而是：「這樣啊，**那麼就這樣做**。」

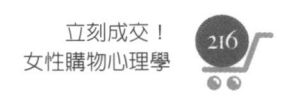

不能說：「您要不要買呢？」而是：「**您要這個吧**。」

接著繼續說：「相信我」、「我向您保證」、「謝謝您的惠顧」……。

有**你的保證再加上使用肯定的口氣**，就可以成功交易。不過，你絕對沒辦法對男性這樣說。但是，正因為是女性，所以肯定的語氣以及保證才能奏效。因為，女性對男性的要求就是這個——強而有力的言詞。

45 看穿對方的身分地位

到目前為止，我們都將重點放在與女性顧客之間的對話。但是，推銷是開始於**雙方見面的那一瞬間**。如果前文所提的種種，顛覆了你的推銷常識，或許你會對於如何開始進行銷售感到疑惑。「搞不好，我的做法從一開始就錯了……。那時被拒絕，或許是因為我的態度有問題……。」

如果你剛開始拜訪顧客時，服裝整齊、注意裝扮，就沒什麼大問題了。若不是這樣的話，就不用繼續往下談了。到此為止，都屬於常識範圍之內的討論。真的要注意的話，那就是不要噴上味道太強烈的古龍水等物品。

顏色與味道等，屬於個人主觀感覺，在第一次見面的場合，不可以太強調個人風格。如果你身上的顏色或味道，剛好符合顧客的喜好就還好，若不是的話，對方就會產生生理上的厭惡感。

女性一旦產生生理上的厭惡感，你就絕對無法消除這種感覺。因為這是本能的一種反應。

接下來，我想談一些「非一般常識」的話題。

當你透過對講機報上姓名時，多半的女性顧客會從大門上的「貓眼」看你，或是使用有監視螢幕的對講機。

這時，你絕對不能讓對方的視野看到你的正面。你應該稍微側身，讓對方看到你的**半側身**。不僅是大門上的貓眼或監視螢幕，就算對方開了大門也一樣。當大門打開時，只看到你的側身。也就是說，面對著大門而站旁邊一些，並以上半身向前傾的姿勢，頭部傾斜地邊打招呼、邊進入屋內。

你一定很想發出痛苦的哀嚎：「推銷員是體操選手嗎？」

說真的，如果你是體操選手的話，這些動作其實不難，而且加上優雅的感覺，或許對你更加有利。這個姿勢的重要性，主要是為了**消除女性的恐懼**。

對於女性而言，男性以正面相對會讓對方產生壓迫感。就像是雙方「對峙」的感覺一樣，面對面將給予對方說不出來的壓力。

就算是素未謀面的銷售人員，也是一樣。對於女性顧客而言，無論是什麼樣的男性，只要一讓對方進入家門，她們就開始心生恐懼。而銷售人員的姿勢無非就是要降低女性顧客內心的恐懼。

迅速觀察態度或氣質

若是可以的話，進入玄關之後也要盡量避免將身體挺直。保持稍微傾身向前的姿勢說話。

「不好意思，我可以坐在這裡嗎？」於是，你優雅地在玄關處坐下。這麼一來，顧客的視線是由上往下看著你，所以視覺上不會產生壓迫感。當然，別忘了你的身體還是要保持側身面對女性顧客。

另外，在談話之前還有一件事非做不可，那就是看透對方的社會地位。眼前這位女性是否有足夠的能力購買你的商品？或是外表看起來生活還不錯，其實生活卻是捉襟見肘的窘況？

我有個朋友是一家大型個人信貸公司的店長，他對於消費者的外表做出精闢的分析：「不知道為什麼，女性都會盛裝來借錢。但是從她們的動作就可分辨出是為了玩樂來借錢，還是為了生活來借錢。若是為了享樂，我們就會借錢給她們；但若是為了周轉生活所需，我們就不借，因為這樣的客人絕對不會還錢的。」

所以，感覺連生活都有困難的女性，基本上就不會購買你的商品；只是這點無法從穿著打扮中分辨。不過，從對方的**態度或氣質**卻可約見端倪。先從這點著手吧。和對方面對面時，你可是沒有時間雀躍高興的。

46 選擇項目只能在三項以內

日本橫濱市的市營地鐵公司，因為每個月會接到四十通以上的抱怨電話，而深感困擾。抱怨的內容都是同一件事：「請設法改善。每次我都以為地鐵已經到達新橫濱站了，結果一下車才發現下錯站。請想辦法改進這點。」

原來，出問題的是地鐵的站名「新橫濱北站」，讓民眾誤會了。煩惱的地鐵當局接受心理學家的建議，半信半疑地將站名改為「北新橫濱站」。沒想到改站名之後，就不再有抱怨電話了。

只是將「北」字往前移，就那麼有效，這是什麼道理？

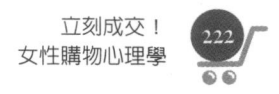

原因來自於人類對於語言的認知方式。人類在潛意識中會將語言區分為「前、中、後」等三段。「前面」部分「控制方向、整體的運作」；「中間」部分會**被忽略**；「後面」部分表示「內容、意義以及重要的事項」，**最被重視**。

「新橫濱北車站」一詞會被拆成「新橫濱」、「北」、「車站」三部分，難怪乘客會被誤導，以為地鐵抵達的是「新橫濱」車站。所以，只要將「北」字往前移，就能夠簡單地改正錯誤。

不僅是車站的站名，我們所說的句子也是同樣的情況。所以，銷售人員介紹產品時，也能夠有效地影響顧客的心理。「現在大家都在用這個商品，而且大家都對這個商品讚不絕口。只有現在，才提供這個價格。」

這段話點出商品的三個銷售重點：「大家都在使用」、「讚不絕口」、「只有現在才便宜」。但是顧客的認知只抓住了「大家都使用」的商品特徵。除了「大家都使用」之外，不管銷售人員接下來說些什麼，都進不了顧客的腦海。

所以，顧客的認知只剩下「大家都使用」的商品「只有現在才便宜」。

最想說的重點放後面

有不少人都聽過「奇數法則」的銷售重點。人類通常會將偶數的東西分成兩類。因此，當顧客面對的是**偶數數量**的商品時，**便容易以感覺肯定或否定**「這些」與「那些」商品，而不考慮商品的內容。

但是，如果是奇數數量的商品的話，就無法分成兩部分，因此顧客必須考慮的部分較多。不過，多數的選項只對男性顧客有效，提供給**女性顧客的選項只能有「三個」**。

男性若沒有許多選項的話，就會感到不安，因為如果選項太少，男性會覺得失去自己做主的權利，而懷疑是被迫做出選擇。不過，女性剛好相反。女性最討厭感到迷惘，只要一感到迷惘就會處於不安的狀態。

但是，也不能只給女性兩個選項。因為，兩個選項也會讓她們覺得是「被迫」做出選擇。這麼一來，她們就會產生依賴：「喂，要選哪一個？哪一個比較好啊？」但是五個選項又太多，因此三個選項是最恰當的。

「三」這個數字會讓人捨棄多餘的部分，同時因為留有一個不太有印象的第二個選項，所以對方會產生安全感。這樣會讓對方產生「要選哪一個」以及「哪個都不是」等選項的錯覺。

對女性顧客進行推銷時，要經常提出「三點提示」：「針對這個問題有三種方法」、「銷售重點有三個」、「特別要提醒您的是這三點」、「希望您能夠考慮這三項」……。

還要注意的是這三點提示的先後順序。**首先是「出乎意料」**，**接著是「三項中的第三個推銷重點」**，**最後才是「最主要的推銷重點」**。

對話也是相同的法則，**說話的順序具有重要的意義**。所以，與女性顧客對話時，一開始就要先指出談話的方向，而你**最想說的內容則要放在最後**。

47 實驗證明的「魔法咒語」

這個實際經驗，是我擔任某大型石油C公司的顧問時發生的。

某個加油站的經營者來找我諮詢，「老師，我的店面靠近一個大型住宅區，有沒有好方法可以增加煤油的銷售量呢？」

於是，我順手拿起手邊的紙條，寫下一些文案、交給那位老闆。「把這些字橫寫在煤油的運送車上，並在社區中巡迴穿梭試試看。記得，要加上你家的電話號碼，因為我想你馬上會得到意想不到的反應。」

老闆看著那張紙條，露出疑惑的神情。過了一個月，某次演講結束後，遇到那位老闆臉上堆滿笑容地前來找我。

「老師，您那時給我的是魔法咒語嗎？我照你說的，把那幾個字橫寫在車上。剛開始沒什麼反應，但是過了一週左右，購買煤油的訂單突然驟增。說起來有點不好意思，當我接到電話時，不自覺地脫口說出您寫的那一句話呢。」

當時，我交給那位老闆的「魔法咒語」是：「太太的溫暖關懷，由我們送到府上」。而讓老闆感到不好意思的這句話是：「讓我們將您的心意傳遞給您的先生。」

我之所以想到那句文案，是因為那個地方是一個大型社區，會買煤油的都是社區內的家庭主婦。在社區中，女性最在意的是「別人的眼光」，所以家庭主婦無法在大眾面前大聲說出標語表現的精神。而這句標語，可說是讓女性看見夢想的標語。

製造女性飛向夢想的契機

另外，這是我擔任T汽車的銷售指導時發生的案例。當時，我為了談一個最高級車種「C」的案子，登門拜訪了某一戶人家。與我洽談的是那戶人家的女主人，她對價格感到很猶豫，於是我便塑造以下的情境。

「太太，車子是可移動的客廳。雖然，買不起一整間的房子，但是只要花四百萬日圓就可以買一間客廳。」

家庭主婦視家庭為自己的分身。在家中她們在意「廚房」與「客廳」，而這句話就是以這類的女性為對象，所想出來的文案。

另外，我在「T海上火險」為摩托車銷售店鋪進行集體銷售指導時，也想過一個標語：「快樂的家庭，來自於安全的駕駛」。這是我以女性顧客為銷售目標，所想出來的文案。

你或許會想，「什麼嘛，這跟一般的交通標語沒什麼兩樣。」但是重點在於這個標語是摩托車銷售店鋪主動貼出來的標語。

男性顧客會被摩托車良好，但可能導致危險的高性能吸引，可是女性顧客則完全不是如此。擔心身體或其他部分「受傷」的女性，在遵守「安全」、「規則」等規範時，才會感到安心。所以，把「快樂的家庭」放在句首，塑造出具體的印象。

果然，標語立刻見效。雖然，男性顧客評價不高，但是以往從店門口匆匆經過的主婦，現在會往店裡多看一、兩眼。而且還會結伴前來，成為迷你摩托車的最大客戶群。

標語文案並不僅限於店面才有效，與你交涉的女性顧客同樣需要一個「魔咒」：「使用這個產品，讓自己成為優雅的女士吧。」

就連善於創造夢幻故事的女性，也會因為你的標語而投入自己編織的故事情節中。「成為優雅的女士。我是優雅的。我是……。」故事編織成形，而你只要順著故事情節、介紹商品就可以了。

48 成爲顧客諮詢的專家

前文曾經提過，女性說話時經常會使用疑問句。特別是當你談論商品的特色或功能時，這種現象更是明顯。

「這產品適合我這種類型的人嗎？」

「我選的這個顏色眞的是現在最流行的嗎？」

現在，你應該知道如何應對了。沒錯，要以**肯定的語氣帶著節奏感的語調**回答她們。

「是的，如您所想的，這個商品很適合您。」

「是的，就選這個沒錯。」

「現實」的語言，就是你的「專業」

肯定語氣的效果，在這裡會發生作用。使用疑問句的女性與肯定句的男性，會產生兩性間最佳的對話合聲。

女性投擲過來的疑問句，並不是毫無內容的情感抒發。也就是說，她們並不是只停留在幻想世界而已，她們也會回來現實世界。當小鳥想要往更高處飛去時，會先下降、蓄勢待發，重複數次後，逐漸提升飛行的高度。

女性的內心也是同樣的道理。在與銷售人員進行一來一往的對話時，她們的內心逐漸得到鼓舞、情緒逐漸高漲。讓她們看到夢想的讚美語言，使她們稍微提升高度，但是又因為極現實的語言而暫且下降，確認高度。而這個「極現實」的語言就是你的「專業知識」。

「什麼嘛，我們可都是專家喔。女性顧客提出來的問題，我們哪有回答不出來的道理？」你胸有成竹地這麼說，但是事實上真的沒問題嗎？

例如，當女性顧客問你：「這個化妝品有沒有更小的尺寸？」這時你該如何回答？

「我賣的就是這個尺寸的化妝品，對方居然問我：『有沒有更小的？』顧客以為這化妝品是用黏土捏一捏就做出來的嗎？」

你極可能被不合常理的問題搞亂，而不知該如何回答。好不容易成形的對話節奏，在此功虧一簣。應該說，女性顧客的大腦總是在非日常與極現實之間，來來去去。當她們從幻想世界回來時，就會很單純地把這種毫無來由的問題帶回現實世界

看吧，連擁有專業知識與自信的你也沒辦法回答這種問題。或許你是擁有專業知識沒錯，但是你有的只是前輩傳授給你的經驗談，以及公司給你的工作手冊而已。

我希望你成為一個專家。所謂專家，就是要能夠應付在這領域中發生的所有狀況。看到這裡，我想你已經有充分的資格成為一位專家了。

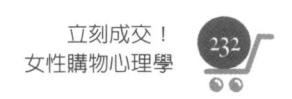

49 試著模仿女性的動作

如果我說外型中性的日本知名主持人——和田現子，是非常女性化的女星，一定有許多人會大感驚訝吧。不過，這是我以一個銷售人員的眼光所做出的評斷，不摻雜男性的偏見。

和田現子非常了解女性，以商場上的談判而言確實是一位強勁的對手。也就是說，外表男性化的女性，其實非常清楚自己的身體缺乏魅力。

正因如此，許多這類型的女性為了掩飾自己的弱點，而變得善於使用豐富的語言以及情緒表現。

通常女性化的男同性戀者，會比女人還更像女人。或許是在酒吧中得到的經驗，他們知道「以男性的角度來看，他們希望女性這麼做、那麼做」。所以，他們都能夠完美地表現出來。「我這樣使性子，看起來很可愛」；或是「我這麼說，男性就會開心」等。

某種意義上來說，他們扮演的是根據男性的偏見，所塑造出來的虛擬女性。不過，有趣的是，他們也能夠像女性那般陶醉在童話世界裡。

站在她的角度思考

在美國實施一種精神療法，名為「男扮女裝」。讓那些因壓力而導致精神受傷的男性做女性化的裝扮，透過女性化的打扮讓他們緊繃的精神狀態得到紓解。這是滿足人類變裝的願望帶來的心理效果。另外，由於「男性必須如此」的社會規範制約男性的行為，變裝也能讓男性從父親或學校的禁錮中得到解放。「男人就要有男人的氣概」，這種所謂英雄氣概的觀念，背後存在著「女人就要跟隨男人」的偏見。而當男性變裝成女性時，這樣的觀念便徹底消失，從而重生為一個中性的人類。

我並不是要你今後做女性裝扮，如果引起你這種「習慣」也很麻煩。無論如何，為了學習與女性顧客接觸，身為銷售人員的我建議你**模仿女性的行為舉止**。

當你拜訪女性顧客時，為什麼女性顧客不會與你正面相視而坐？為什麼她們不會正視你的臉？為什麼你提出問題時，她們會將食指靠在嘴邊思考……？

當你回到家時，試著模仿白天拜訪的女性顧客的行為動作吧。從坐在玄關的位置開始，試著重現對方與你的所有位置關係。

「她這樣做，對，然後頭稍微傾斜朝這邊看過來。對了，領帶，原來她是看我的領帶吧。她喜歡這條紅色的領帶嗎？嗯，接下來是……。」

如果你這麼做的話，我想你一定會更加了解女性。

50 絕對不要承認商品的缺點

最後，我要送給你的實踐技巧是「絕對不要承認商品的缺點」。

「這不是一般人的常識嗎？哪有銷售人員會批評自己賣的商品呢？」事實上，真的有人會這麼做，所以我說：「絕對不要。」

對男性顧客透露商品的缺點也是銷售技巧之一。「其實我們下個月將會更換新型的產品，所以現在這個產品可以用優惠的價格賣給您。」這就是所謂「誠實的技巧」。

但是，對於女性顧客透露「更換新產品」的資訊時，她們馬上就會拒絕：「那我不要買了。」無論之後你補充多少個優點也是枉然。

因為，女性最討厭後悔了。如果知道缺點或是負面消息的話，她們**購買商品後會**一**直在意那個缺點或消息**，好不容易達成的「購買行為」也變得一點都不開心了。

買了之後，絕對不會後悔

女性顧客相當在意產品的缺點，因此當你介紹商品時，她們會反覆不停地詢問，從各個角度不斷地對你提出疑問。她們考慮的面向之完善，連你都要感到佩服。

「這個商品真的沒問題嗎？我真的很想買，所以你一定要清楚地告訴我。就算是一點點小問題也好，有沒有人向你們抱怨過呢？」

危險啊危險！「其實有人對於這點很在意，不過真的沒幾位……」如果你這麼說的話，那就完蛋了。

「什麼嘛，果真有問題，不是嗎？差點就被你騙了。那我不要買了。」

就是這句話。你最後說「真的沒幾位」，這句話她根本沒聽進去。**女性顧客執著於商品的缺點，是為了要確定買了之後不會後悔**，你只要這麼想就好了。

你微笑地說：「沒問題的，您儘管安心使用。」女性顧客只是要你這句話，讓她們安心進行購買行為。

類似的模式還有女性顧客的「失敗經驗的告白」。

「我用了這個產品，還是沒效。」

你已經知道個中訣竅了吧。顧客只是想談論故事的陰暗面而已，這是一個隱藏陷阱。

「這並不是您的錯喔！」

沒錯，這時你只要微笑並溫柔否定即可。

國家圖書館出版品預行編目（CIP）資料

立刻成交!女性購物心理學：日本銷售大師教你創造高業績的50個實戰祕訣/鈴木丈織著；
陳美瑛譯. -- 2版. -- 臺北市：商周出版：英屬蓋曼群島商家庭傳媒股份有限公司城邦分公司發行, 2024.04
248面；14.8×21公分. --（ideaman；168）
譯自：女性客を買う気にさせる「営業心理学」
ISBN 978-626-390-053-0（平裝）
1.CST：消費心理學 2.CST：女性心理學 3.CST：銷售 496.34 113002016

ideaman 168

立刻成交！女性購物心理學

日本銷售大師教你創造高業績的50個實戰祕訣

原著書名——女性客を買う気にさせる「営業心理学」
原出版社——かんき出版
作者——鈴木丈織
譯者——陳美瑛
企劃選書——何宜珍
責任編輯 —呂美雲、劉枚瑛

版權——吳亭儀、江欣瑜、林易萱
行銷業務——周佑潔、賴玉嵐、林詩富、吳藝佳
總編輯——何宜珍
總經理——彭之琬
事業群總經理——黃淑貞
發行人——何飛鵬
法律顧問——元禾法律事務所 王子文律師
出版——商周出版
115台北市南港區昆陽街16號4樓
電話：(02) 2500-7008　傳真：(02) 2500-7579
E-mail：bwp.service@cite.com.tw
Blog：http://bwp25007008.pixnet.net./blog
發行——英屬蓋曼群島商家庭傳媒股份有限公司城邦分公司
115台北市南港區昆陽街16號5樓
書虫客服專線：(02) 2500-7718、(02) 2500-7719
服務時間：週一至週五上午09:30-12:00；下午13:30-17:00
24小時傳真專線：(02) 2500-1990；(02) 2500-1991
劃撥帳號：19863813　戶名：書虫股份有限公司
讀者服務信箱：service@readingclub.com.tw
城邦讀書花園：www.cite.com.tw
香港發行所——城邦（香港）出版集團有限公司
香港九龍土瓜灣土瓜灣道86號順聯工業大廈6樓A室
電話：(852) 2508-6231　傳真：(852) 2578-9337
E-mail：hkcite@biznetvigator.com
馬新發行所——城邦（馬新）出版集團 Cite (M) Sdn Bhd
41, Jalan Radin Anum, Bandar Baru Sri Petaling,
57000 Kuala Lumpur, Malaysia.
電話：(603) 9056-3833　傳真：(603) 9057-6622
E-mail：services@cite.my

美術設計——copy
版面編排——Wendy
印刷——卡樂彩色製版有限公司
經銷商——聯合發行股份有限公司 電話：(02) 2917-8022　傳真：(02) 2911-0053

2014年12月初版
2024年4月11日三版
定價380元　Printed in Taiwan

城邦讀書花園 www.cite.com.tw
ISBN 978-626-390-053-0
ISBN 978-626-390-056-1 (EPUB)

JOSEIKYAKU WO KAUKI NI SASERU EIGYO SHINRIGAKU

線上版讀者回函卡

Idea man